U0754324

意志

是锻炼出来的

畅销书《秘密》实践版，实现自我突破的DIY读本——

YIZHI SHIDUANLIAN CHULAIDE

马 骏◎主编

台海出版社

图书在版编目(CIP)数据

意志是锻炼出来的 / 马骏主编.--北京:台海出版社,
2013.9

ISBN 978-7-5168-0275-5

Ⅰ.①意… Ⅱ.①马… Ⅲ.①意志–通俗读物 Ⅳ.
①B848.4-49

中国版本图书馆 CIP 数据核字(2013)第 201748号

意志是锻炼出来的

主　编:马　骏

责任编辑:戴　晨

装帧设计:天下书装　　　　版式设计:通联图文

责任校对:王梦颖　　　　　责任印制:蔡　旭

出版发行:台海出版社

地　址:北京市朝阳区劲松南路 1 号，邮政编码:100021

电　话:010-64041652(发行,邮购)

传　真:010-84045799(总编室)

网　址:www.taimeng.org.cn/thcbs/default.htm

E-mail:thcbs@126.com

经　销:全国各地新华书店

印　刷:北京柯蓝博泰印务有限公司

本书如有破损、缺页、装订错误,请与本社联系调换

开　本:710×1000　　　1/16

字　数:188 千字　　　　印　张:16

版　次:2013 年 10 月第 1 版　　印　次:2013 年 10 月第 1 次印刷

书　号:ISBN 978-7-5168-0275-5

定　价:35.00 元

前　言

世界顶级的潜意识研究大师安东尼·罗宾在对激发潜能研究的时候做过这样的论述："所有人的改变都在于他的潜意识。"

这句话，让很多人明白了一个道理——隐藏在人体内的那种潜意识可以改变我们的人生。

但是，如何激发自己的潜意识，去工作，去学习，去行动，让你的梦想得以实现呢？

这就是本书提到的"念力"。

关于"念力"，这个名词并不陌生，但很多人对它却一知半解，甚至有人把它等同于一种伪科学。

其实，真正意义上的"念力"并没有那么复杂，简而言之，从字面上理解，念，就是"意念"，力，就是"暗示的力量"。

你必须先拥有一个正面的意念——虽然你可能不知道你的潜能到底有多大，但是你可以根据自己的实力进行推算，在此基础上为自己设定一个切合实际的目标和理想。当然了，如果你自认为是侏儒，只期待渺小的事情，你永远也不可能成为巨人。

然后你要学习暗示的力量——不断地对自我进行积极的暗示，尽可能地相信自己，相信命运就掌握在你的手中，相信一旦内心力量被唤醒，被激发，被开发，你就能活得更好。

举个例子，当一个人在镜子面前对自己说想要成功时，就是在发挥其意念的力量。这是一种将目标和理想转化为一种信念的过程，而在这个过程中他要不断地对自己进行心理暗示——这样才能产生坚定的信念以及强大的行动力，当你不断地想象着你成功的模样和所有的变化的时候，你的意念就已经开始运作了，而在运作的过程中就会激发你体内强大的潜能，让你的梦想得以实现。

念力，是我们体内的"先知"，是被指派来陪伴人类的神圣信使，它将引导与鼓励我们走完人生。

本书分为三个部分，分别从"意念"和"暗示"的角度，最完整、科学、权威地解读了"念力"这个名词。另外，本书还指出了"暗示力"具体的策略和行动步骤，最后一个部分讲述如何将"念力"运用在我们的日常生活和工作当中，并通过它来读懂人心，洞悉人性，操控人际，开发人脉，最终达到成功等等。

本书可以协助更多的人在生命里增加更多的选择，在只有一次的人生里，活出一个最大可能性的自己。

目 录 Contents

A篇：意念的力量

每个人都蕴藏大量未开发的潜能，我们会在此举出数个证明潜能的事例，而这些惊人的例子都出自于平凡的头脑和身体。

如果拥有平凡头脑和身体的"平凡人"，都可以做得到，那你我一定也可以做得到——但是想做到，就一定要靠意念。

第一章

潜能，就是人类原本具备却未被使用的能力。通俗地从字面上理解，就是"潜意识"发挥出来的能力。

世界著名的心理学家弗朗兹·布伦塔诺说："我们可以与潜意识沟通。"因为潜意识就隐藏在人类大脑中的某个角落里，只要触动了它，它就能够带给人类无穷无尽的超能力——潜能。它可以操控一个人的命运、改变一个人的人生，并且能够帮助人们实现自己脑海中那些曾经有过的美好画面。

而激发"潜能"的前提，是要你的"显意识"先"相信"，这样"潜意识"才能够接受并执行。

> 人的行为受意念支配,你想要做出什么样的成绩,关键在于你的意念。
>
> 爱因斯坦曾经说过:"意念要比知识重要得多——知识是有限的,而一个人的意念却是概括整个世界的一切,同时也在推动着世界不断前进。意念是知识进化的源头。"的确如此,意念是人生之中最重要的存在因素,是潜意识发挥出强大力量的核心因素。

B篇:暗示的力量

心理学家普拉诺夫认为:"暗示使人的心境、兴趣、情绪、爱好、心愿等方面发生变化,从而又使人的某些生理功能、健康状况、工作能力发生变化。"

既然暗示如此神奇,那么,具体应该怎样做,才能充分利用暗示的力量取得成功呢?

所谓暗示是指通过人体的语言、行为、心理或者是环境的特殊语言,对人们的心理和行为产生影响的过程。所谓"自我暗示",顾名思义,就是指有意识地对自己做出暗示。

事实证明,一个人完全可以通过自我暗示,彻底改变自己。而自我暗示有两个原则,一是"不断地",二是"肯定的"。

　　健康的、积极的暗示会帮助你自己,有害的、消极的暗示会让你丧失斗志。由于我们的潜意识"好坏"不分,"照单全收",所以,学会积极的暗示尤其重要,用积极暗示影响自己的同时,也要学会抵制时刻涌上心头的消极暗示。

C篇:意念+暗示:念力的强大磁场

　　所谓念力,简单地说,就是"意念力+暗示力"。
　　前面学习了念力的系统知识,现在,是时候运用这种神秘的力量了——地位、财富、健康、欢乐与幸福,将会齐齐出现在你的生命里,你的人生将更为绚丽多彩。

　　如果你想要别人帮助你,想要让别人心甘情愿地为你做事,想要别人买你的产品,或者改变别人对某一事物的看法等,就需要用语言暗示他——在不知不觉中,让对方认可你的逻辑,按你的逻辑办事情。

第六章　读懂人心:心理暗示在身体语言上的集中体现 ······· 176

　　　通常人们在听到、看到他喜欢或不喜欢的东西,或者对于自己正在和你说的话感觉不舒服的时候,他的肢体动作往往会有所变化,这就是心理暗示在身体语言上的集中体现。

　　　这种通过身体传达出来的暗示信号,比单纯的语言更具有说服力和可信度。

第七章　念力磁场——培养自己的强大念力 ·············· 211

　　念力，有着部分先天的"成分"，来源于我们的潜意识，但，并非是不可以培养的，你的一举一动，反映着你的人生观和自我修养，反过来它们也会充盈你，让你的意念饱满，并最终拥有自己的风格。

　　谁的念力都不是一开始就强大，但可以在身上越聚越强。

A 篇

意念的力量

每个人都蕴藏大量未开发的潜能，我们会在此举出数个证明潜能的事例，而这些惊人的例子都出自于平凡的头脑和身体。

如果拥有平凡头脑和身体的"平凡人"，都可以做得到，那你我一定也可以做得到——但是想做到，就一定要靠意念。

第一章

相 信
——潜能是每个人灵魂深处的宝藏

潜能，就是人类原本具备却未被使用的能力。通俗地从字面上理解，就是潜意识发挥出来的能力。

世界著名的心理学家弗朗兹·布伦塔诺说："我们可以与潜意识沟通。"因为潜意识就隐藏在人类大脑中的某个角落里，只要触动了它，它就能够带给人类无穷无尽的超能力——潜能。它可以操控一个人的命运、改变一个人的人生，并且能够帮助人们实现自己脑海中那些曾经有过的美好画面。

而激发潜能的前提，是要你的显意识先"相信"，这样潜意识才能够接受并执行。

潜意识和显意识的"家"——大脑

科学家们研究发现：人具有巨大的潜能。若是一个人能够发挥一半的大脑功能，就可以轻易学会40种语言，背诵整本百科全书，拿12个博士学位……潜意识的能力之强,超乎你的想象。

在开始介绍潜意识的丰功伟绩前,需要先弄清几个名词的定义。

1.充分理解潜意识和显意识之间的差别

首先,你需要了解显意识和潜意识的意思。大脑能察觉的意识活动,称为"显意识";反过来说,大脑无法察觉的意识活动,就是"潜意识"。

成功使用潜意识的关键,就是要充分理解潜意识和显意识之间的差别。尽管潜意识和显意识同处一体,两者却有天大的差异。

(1)潜意识握有非自主功能、情绪和习惯的软件。

你大部分的习惯和情绪反应,在年幼时已经写入程序。许多程序通常由父母、师长、同事、电视,和最近风行的计算机游戏随机写入。心理学大师弗洛伊德曾提过:"在孩童期学到的情绪反应方式,往往被我们带到成人期。"到了成人期,我们不知道该如何进退应对,常常表现得跟孩子没有两样。因为这些老程序深具影响力,如果没有妥善控制,不但可能会给你的行为带来不良后果,甚至会造成毁灭性的结果。

(2)显意识以逻辑思考,运用先见和后见之明,亦使用归纳法和演绎法分析,拥有抽象思考、理性分析、批判、选择、辨别、计划、发明和构成能力。

显意识过滤大半进入潜意识的影响和信息。所有信息都进入潜意识,但只有显意识能对那些进入的信息产生影响或给予力量。显意识凌驾在潜意识之上。

显意识直到3岁才开始发展,到了20岁左右,才会发展完全。所以,你历经早期人格养成的重要阶段时,并没有过滤信息的能力。因此,你的潜意识里其实有不少"垃圾",对你的健康、心理状况和生产力带来了不良后果。

认知过程

潜意识和显意识相反,不用逻辑思考,而是靠感觉行事。潜意识是七情六欲的来源,爱、恨、焦虑、恐惧、嫉妒、悲伤、愤怒、喜乐、欲望等情感,都是来自潜意识。当你说"我觉得"、"我感觉"就是源自你的潜意识。

你可以想个愤怒的例子。某个人表达极大的愤怒时,会显示强烈的情绪或力量,这时候这个人是很不理性的,之后此人(的显意识)可能也不太记得自己暴怒的经过。

潜意识以归纳的方式,透过归纳细节整理通则,进行理性判断。如果你告诉潜意识自己行动笨拙,它会设法让你做一些笨拙的事情。通常,归纳思考并不太合乎逻辑。

显意识会以客观分析字词。客观来说,母亲是指女性家长。不过,潜意识会以主观的方式,赋予字词其他的含意。听到母亲一词,会带给你各种相关感觉,而这些感觉,都是来自你的潜意识。

沟通

显意识的想法会透过内在或外在的声音传达。想法多半透过声音传达,而声音往往行诸于语言。显意识主要用语言沟通。这就是为什么拥有大量词汇很重要,因为词汇是传达思想的工具。

潜意识拥有的词汇较少,不擅用言词沟通。多数人的梦境不会包含语言,因潜意识主要用影像和情感沟通。例如,你(的显意识)可能会说:我很害怕,但是我不知道为什么我害怕。而你的潜意识表达害怕的方式,可能是让怪兽在梦境追杀你。

功能

显意识控制自主功能。例如,我可以有意识地举起或放下我的手臂。我可以走来走去,这些都是有意识的活动。

显意识有个重要特性,就是一次只能做一件事。显意识无法一次做两件事。某些人可能会反驳,认为自己可以同时阅读和看电视。如果你真的在某一刻意识到你当下正在做的事,你会发现自己不是在阅读,就是在看电视。同时做两件事,需要在两件事间快速转换。

而潜意识可以在同时间内完成千百样事情。我们不需要苦心孤诣地想着呼吸、想着消化食物、想着对抗外来细胞、想着排放胰岛素等；感到热的时候，不用思考出汗的问题。

大小

潜意识占据大脑92%的大小。显意识仅占剩下的8%。

视力

显意识会透过双眼视物，所以现在你的显意识在阅读印在纸上的文字。而潜意识却无法视物，和外在世界没有联系，只能看到显意识看到的东西。因此，潜意识无法区分实际和想象。

2.一个人的进化程度，与他运用潜意识力量的能力成正比

弗洛伊德把心灵比喻为一座冰山，浮出水面的是少部分，代表意识，而埋藏在水面之下的大部分，则是潜意识。他认为人的言行举止，只有少部分是意识在控制的，其他大部分都是由潜意识所主宰，而且是主动地运作，人却没有觉察到。

当一个人处于正常的状态下，比较难以窥见潜意识的运作，这时，梦是最好的观察潜意识活动的管道。

但是在很多罹患精神疾病者的身上，我们可以看到潜意识的作用非常尖锐，例如无法解释的焦虑、违反理性的欲望、超越常情的恐惧、无法控制的强迫性冲动……我们明显地看见显意识的力量如此微弱，潜意识的力量像台风一般横扫一切。

然而潜意识并非如此负面，只是在病人的身上较容易观察而已。

潜意识有更大的神奇力量，可以经由学习来让显意识运用。

可以说，一个人的进化程度，与他运用潜意识力量的能力成正比。

(1)低层潜意识

低层潜意识是本能、冲动、驱力、生理机械反应的世界。

人体的生理机能不需要意识来管理,身体自己会呼吸,肠胃自己会消化,心脏自己会跳动,脑下垂体自己监管各种荷尔蒙的分泌,免疫系统自动防御入侵体内的细菌、病毒,这一切都由低层潜意识包办了。

所以低层潜意识虽然说是"低层",它的运作其实是非常高级而复杂的。

管理身体运作这个部分,低层潜意识向来做得很好,对于维持人体健康贡献良多。人会生病,通常还是受到了意识的不当干扰呢!

低层潜意识是藏量无限的记忆库,人的一生大大小小、钜细靡遗的记忆全部储存于此。

低层潜意识也是兽性、本能的世界,是人类原始而不文明的部分,是犯罪及暴力行为的源头。低层潜意识容纳了所有不被意识接受的压抑,因而形成了恐惧症、强迫性的思想行为、妄想、幻觉及噩梦。这个部分的低层潜意识没有逻辑、理性,而以强烈、动态、隐讳的姿态,犹如地球核心高温高压的岩浆在汹涌翻腾,日夜不休。

(2)中层潜意识

精神分析学派称为"前意识"(pre-consciousness),是指平常没有存放在意识中的材料,只要我们进行回忆、思考、表达就能调动出来的,这些材料就是位于中层潜意识。

例如,"你的电话号码是?""你的高中学校叫什么名字?""你的第一个男朋友是谁?"诸如此类。这些问题还没提出之前,资料并不在你的意识中,而是储存在中层潜意识。

(3)高层潜意识

当一个作家埋首疾书,灵感源源不绝,佳句连篇,字字珠玑,事后,连自己都很惊讶:"我怎么能写得这么好?简直如有神助。"这时,我们可以说,在那当下,他接通了"高层潜意识",达到平常状态下不能臻至的境地。

自从1845年德国化学家霍夫曼发现苯之后,许多化学家绞尽脑汁要破解它的分子结构,然而当时的人们从未想到环状的分子结构是可能存在的,所以化学家们纷纷撞壁而相继放弃。

1865年某个寒夜,已经研究多年不肯罢手的化学家凯库勒在一整天徒劳无功的探索后,歪在火炉边打盹,意识滑入梦乡。然后,奇怪的事情发生了,他在梦中看见一大堆原子在眼前雀跃,其中有一群原子排成长长的链,在那儿扭动、盘卷,再仔细一看,啊!是一条蛇咬住自己的尾巴,而且得意洋洋地在他面前猛烈旋转!

像被闪电击中,凯库勒立刻惊醒,领悟到苯的分子结构是前人未曾想过的封闭环状,难怪那些抱持旧有的开放式链状观点来研究的专家通通碰了一鼻子灰。从此,化学研究也因为这个革命性的发现而进入新的里程碑。在那个看见蛇咬尾巴的梦境中,凯库勒领悟到苯的环状结构式,这时,我们可以说,在那当下他接通了高层潜意识。

从以上这个例子,我们可以知道,一旦接通了高层潜意识,就会产生很多奇妙的现象,如艺术创作、深刻创见、先进科技的突破,甚至人格的转变,思想、技艺的融汇贯通,忘我、无私的奉献,价值观改变、博爱义行、为远大理想献身的热情……都源自这儿。

3.潜意识的重要性——塑造出今天的你,改变明天的你

潜意识对每个人都非常重要。它就像一个冲洗胶片的暗房,你外在的生活状态,都是从这个地方冲洗出来的。

塑造出今天的你的,并不是你的姓名、着装、父母、邻居或者是你乘坐的小汽车,而是你的潜意识。它通过一点一滴的影响,将一幅又一幅的图景叠加在你的生活中,最后,将现实生活中的你塑造成了潜意识中的那个你。

从伦理学上讲,潜意识是一个"道德中性"的角色。它无所谓对错,远离一切善恶是非,你的一切习惯,不管对自己利弊如何,对于它来说都是无可无不可的。起作用的一直都是内在的思想,而不是外在的习惯。

　　我们在不知不觉中把各种负面的思想滴加到潜意识里,日积月累,直到某一天,我们突然发现,这些阴暗的思想已充斥了我们的日常生活,占据了人际关系的每一个角落。事实上,现实生活中的麻烦事都是暗中积累,达到质变以后才爆发出来的,无一例外。

　　要让你的世界发生改变,你就必须先改变自己的内心,这就是所谓的"诚于中、形于外"。你童年时期建立的所有信仰和行为模式,至今依然存在于你的内心之中,它们不时浮现并且影响着你的生活。我们每个人都有这一类来自于童年的思想和信仰,它们早已经被显意识忘掉,只能藏身于我们潜意识暗房的某个隐秘的角落里。知道了这一点,也就明白了为什么你需要从现在开始,对自己的潜意识加以照顾和培育了。

　　比方说,如果你相信坐在电风扇旁边太久会让你得斜颈病,你的潜意识就会让你表现出斜颈的症状。其实这并非由于电风扇的作用,它只不过引起了一种无害的气体分子的高频率震动罢了。之所以会让你感到不舒服,只是由于你这么相信而已。

　　又比方说,你的办公室里面有同事感冒了,你便开始害怕得感冒。于是,你的恐惧成为了一种可以自我实现的内心活动,也就是说,你所害怕和相信的事情会成为现实。最后你发现,办公室别的同事因为不相信会被传染,所以平安无事,而你却不得不独自在家休息养病。

　　而另一方面,你认为治愈的力量又来自何处呢?当然也是来自于潜意识的力量。如果你的潜意识暗房里面存在着真理,那么这种真理就会投射到外部世界。你的潜意识力量会接受真理,而你就此拥有了一种能够治愈创口并使心灵平静的潜意识动力。

　　如同一个苹果经过消化,最终成为你血液的一部分,这些内在的思想也会逐渐融入到你的现实生活中。这一切就和你学会走路、游泳、跳舞或者拉小提琴一样。你一遍又一遍地重复同一思想,不久之后,这种思想就会变成你的第二本能。

　　如果想成为一个有能力的人,那么,从现在开始就必须改变自己。你的"潜意识暗房"中若充满了各种伟大的创新,你就不必担心旧意识会阻碍你前进。从现在开始，在心中默想着真理、喜悦和高贵，你就会发现这些美好的图景逐渐在身边显现。请记住，上苍为我们创造了美好，你要在自己的生活中进行同样的创造。如果你能够从这样的角度展开，那么你的心理就会变得健康，更加自尊和自信。你就再也不会因为"意想不到"的事件而受到伤害了。

潜意识不但引领着杰出人物完成伟大的发现，或者创造出不朽的艺术杰作，它还能帮我们吸引不可多得的伴侣，完美的生意伙伴以及理想的客户。它还可以指引我们赢得财富，从而获得财务自由，过上随心所欲的生活。

如果一个人心态开放，善于接受新鲜事物，那么不论何时何地，潜意识中的无穷智慧都会提供给他所需的一切知识，不断激发他的思想和创意，最终引领着他走向一个妙不可言的真理世界。

潜意识如何转化为神奇的潜能

"潜意识的神奇力量足以改变你的命运！"这是著名成功大师拿破仑·希尔的名言。任何的限制，都是从自己的内心开始的。只是，在紧急关头，人们打破了内心的限制，于是潜意识的能量——潜能就如同沉睡的火山一样爆发出来了。

1.潜能的伟大作用——关于人类潜能的真实故事

很多心理学家和科学家通过大量事实论证了潜意识的伟大作用和给人带来的巨大影响。

美国麻省安赫斯特学院的专家们曾经在很多年前做过这样一个实验：他们用铁圈将一个正在生长的小南瓜整体捆绑住，以此来观察小南瓜的生长发育状况以及它能够承受的压力有多大。当时这些专家们根据推算认为，这个小南瓜能够承受的压力大约是500磅。

实验开始后的第一个月，这个小南瓜承受了500磅的压力，人们认为这个南瓜也就只能够承受到此了，但是又过了一个月，这个小南瓜竟承受了接近1500磅的压力。对此，人们非常惊讶，认为这简直不可思议。后来，南瓜承受的压力很快就超过了2000磅，这时候专家们在惊讶的同时不得不对捆绑这个南瓜的铁圈进行加固，以免被撑开。然而到实验结束时，南瓜竟承受了5000磅的压力。当专家们打开这个南瓜时，发现这个南瓜完全不能食用，因为南瓜内部中心部位已经长出了坚固的纤维，而这些坚固的层层纤维就是想要冲破这个铁圈。此外，专家们还发现为了能够更多地吸收养分，这个南瓜所有的根都向不同的方向进行伸展，最后它竟然掠取了整个花园土壤中的养分和资源。

通过这个实验可以看出南瓜的潜能量是非常巨大的，它的生命力远远超出了人们的想象，而在如此坚固的束缚下依然能够突破重围奋力生长，这足以说明南瓜拥有着人们不知道的隐藏潜能。

一个南瓜尚且能有如此大的潜能力，人的韧性和毅力更是大于一个南瓜，所以只要我们激发出了自己的潜能，势必会战胜一切。

在泰国，流传着这样一个故事：泰国国王有一位美丽的女儿，到了该婚嫁的年龄时，国王想，一定要给女儿选择一位胆识过人的勇士。于是心生一计，对外张贴告示：某月某日，在某鳄鱼池边，国王将亲自为公主择婿，有意者请前往参加竞选。到了那天，鳄鱼池边人山人海，都摆出一副跃跃欲试的架势。

国王开始宣布："现在，鳄鱼池内正放有数条饥饿的鳄鱼，谁有胆量跳入池中。再从这端游至对岸，本国王就将爱女许配于他。"言毕，来的人面面相觑，谁也没勇气跳入池中，因为一旦跳进去，无疑会成为鳄鱼的腹中物，谁敢拿生命去冒这个险呢？但是正在这时，却听见扑通一声，有人跳进了池中，围观的人紧张地注视着，只见几条鳄鱼张着大口从四面追过来，而池中人边同鳄鱼捕击边拼命地向对岸游去，就在人们惊魂未定之时，他已经快速地爬上了对岸。他赢了。国王兴奋地过来握住那人的手说："年轻人，真勇猛，公主就交给你了！"

谁知那人不但不知感谢国王大恩，反而急急地搜寻了一圈，然后对着身旁的一个人气急败坏地斥责："你为什么要把我推进鳄鱼池里？"

故事讲完了，结尾出乎人们意料地幽了一默，或许听故事的人笑了，但是笑过之后肯定会久久难忘。这个幽默不轻松，它告诉我们：人的潜能是不可估量的，关键在于决定人体潜能被激活程度的压力——在那样一个关乎生死的恶劣环境里，求生的欲望是如此强烈，如果你不全力以赴，你就会失去生命，恐惧、压力迫使你的潜能最大限度地爆发出来，结果便出现了奇迹。

世界顶尖潜能大师安东尼·罗宾在心灵革命的课程中，为了证明人类的巨大潜能曾做过下面的实验：那是一种赤足从火上走过的课程。在整堂课里，所有的学员必须得面对火红炽热的木炭所铺成的"火路"，然后大胆而勇敢地赤足走过。对于没有那种过火经验的人而言，那是极为骇人的场面，有的人会哭，有的人会叫，也有的人腿软，更有人发抖，甚至有人会哀求免去这种"考验"，不过最终所有的学员还是得走过这条路，因为没有经历过这场考验的人，就无法在随后的课程中得到最大的效果。

对此，安东尼·罗宾说："我们当中很少有人有过赤足过火的经验，但却有不少人见过他人赤足过火的场面，特别是在寺庙的拜火祭典中。当我们看见过火之人平安走过火堆之后，总以为是神明在庇佑那些人，或是有人预先在火堆中做了手脚，殊不知过火行为只要在妥善安排而不是使诈的情况下，人人都能平安走过。"

根据美国一些科学家对过火过程的观察与测试，发现不需要用跑，只要步行的速度够快，便不容易灼伤脚底。因为每当脚掌在接触火炭的瞬间，便会立即释放出汗水，形成一层绝缘体，在那层汗膜尚未蒸发前提起脚掌，汗水便会吸收先前的热量而化为蒸气消逝，因而使脚掌丝毫不受伤。

由于大多数人不了解人体的神奇机能，以无知来接触那些自己视为可怕的遭遇，便容易陷入畏缩不前的状态中。当那些研讨会的学员在咬紧牙关平安走过火堆后，他们整个观念会有很大的改变，因为原先认为必然做不到的事，竟然轻易可以实现，且于己毫发无损。

在二战期间，一艘美国驱逐舰停泊在某国的港湾，那天晚上万里无云，明月高照，一片宁静。一名士兵照例巡视全舰，突然停步站立不动，他看到一个乌黑的大东西在不远的水上浮动着。他惊骇地看出那是一枚触发水雷，可能是从一处雷区脱离出来的，正随着退潮慢慢向着舰身中央漂来。

他抓起舰内通讯电话机，通知了值日官。值日官马上快步跑来。他们也很快地通知了舰长，并且发出全舰戒备讯号，全舰立时动员了起来。

官兵都愕然地注视着那枚慢慢漂近的水雷，大家都了解眼前的状况，灾难即将来临。

军官立刻提出各种办法。他们该起锚走吗？不行，没有足够时间；发动引擎使水雷漂离开？不行，因为螺旋桨转动只会使水雷更快地漂向舰身；以枪炮引发水雷？也不行，因为那枚水雷太接近舰里面的弹药库。那么该怎么办呢？放下一只小艇，用一支长杆把水雷携走？这也不行。因为那是一枚触发水雷，同时也没有时间去拆下水雷的雷管。

悲剧似乎是没有办法避免了。

突然，一名水兵想出了比所有军官所能想到的更好的办法。"把消防水管拿来。"他大喊着。大家立刻明白这个办法有道理。他们向舰艇和水雷之间的海面喷水，制造一条水流，把水雷带向远方，然后再用舰炮引爆了水雷。

这位水兵真是了不起。他当然不凡——但是他却只是个凡人，不过他却具有在危机状况下冷静而正确思考的能力。我们每一个人的身体内部都有这种天赋的能力，也就是说，我们每一个人都有创造的潜能。

不论有什么样的困难或危机影响到你的状况，只要你认为你行，你就能够处理和解决这些困难或危机。对你的能力抱着肯定的想法就能发挥出你的潜能,并且因而产生有效的行动。

一位已被医生确定为残疾的美国人,名叫梅尔龙,靠轮椅代步已十二年。

他的身体原本很健康。十九岁那年,他赴越南打仗,被流弹打伤了背部的下半截,被送回美国医治,经过治疗,他虽然逐渐康复,却没法行走了。

他整天坐轮椅,觉得此生已经完结,有时就借酒消愁。有一天,他从酒馆出来,照常坐轮椅回家,却碰上三个劫匪,动手抢他的钱包。他拼命呐喊拼命抵抗,却触怒了劫匪,他们竟然放火烧他的轮椅。轮椅突然着火,梅尔龙忘记了自己是残疾,他拼命逃走,竟然一口气跑完了一条街。事后,梅尔龙说:"如果当时我不逃走,就必然被烧伤,甚至被烧死。我忘了一切,一跃而起,拼命逃跑,及至停下脚步,才发觉自己能够走动。"现在,梅尔龙已在奥马哈城找到一份职业,他已身体健康,与常人一样走动。

有两位年届70岁的老太太,一位认为到了这个年纪可算是人生的尽头,于是便开始料理后事;另一位却认为一个人能做什么事不在于年龄的大小,而在于有什么想法。于是,她在70岁高龄之际开始学习登山。随后的25年里一直冒险攀登高山,其中几座还是世界上有名的。就在后来她还以95岁高龄登上了日本的富士山,打破了攀登此山的最高年龄纪录。她就是著名的胡达·克鲁斯老太太。

一位农夫在谷仓前面注视着一辆轻型卡车快速地开过他的土地。他14岁的儿子正开着这辆车,由于年纪还小,他还不够资格考驾驶执照,但是他对汽车很着迷——似乎已经能够操纵一辆车子,因此农夫就准许他在农场里开这客货两用车,但是不准上外面的路。

但是突然间,农夫眼看着汽车翻到水沟里去,他大为惊慌,急忙跑到出事地点。他看到沟里有水,而他的儿子被压在车子下面,躺在那里,只有头的一部分露出水面。

这位农夫并不很高大,他有170公分高,70公斤重。但是他毫不犹豫地跳进水沟,将双手伸到车下,把车子抬了起来,足以让另一位跑来援助的工人把那失去知觉的孩子从下面拽出来。

当地的医生很快赶来了,给男孩检查一遍,只有一点皮肉伤需要治疗,其他毫无损伤。

这个时候,农夫却开始觉得奇怪了起来,刚才他去抬车子的时候根本没有停下来想一想自己是不是抬得动,由于好奇,他就再试一次,结果根本就动不了那辆车子。医生说这是奇迹,他解释说身体机能对紧急状况产生反应时,肾上腺就大量分泌出激素,传到整个身体,产生出额外的能量。这就是他可提出来的唯一解释。

要分泌出那么多肾上腺激素,首先当然体内得产生那么多腺体。如果自身没有,任何危急都不足以使其分泌出来。由此可见,一个人通常都存有极大的潜在体力。

这是关于人类巨大的潜能的几个真实例子。

2.潜意识是如何改变我们生活的

潜意识就是这么神奇,它能够让一些原本不可能发生的事情发生。

著名畅销小说《哈利·波特》系列的作者乔安妮·凯瑟琳·罗琳用自己的实际行动告诉人们:"相信自己吧,自己的潜意识真的是一种巨大的力量,期待和相信自己的梦想,让你的潜意识转化成你的梦想,去实现吧。"

她的经历就是一个很好的证明。婚姻失败,她带着女儿茫然不知所措,但是这样艰苦的情况却激发出了她大脑中尘封的写作能力。而且她用自己的行动和取得的成果向人们证明了这种能量绝非一般,而是无比强大的。

（1）在现实生活中潜意识的操纵能力对个人的行为有着强大的影响作用。

比如，你的公司正面临着一次严重的危机，公司又负债累累，公司的负责人心急如焚。但就在这时候，如果你打起精神，对自己说，我能带领员工度过危机，尔后你就会带领着仅有的十多名员工一起奋斗，你们一起加班，没日没夜的工作，平均每天工作十几个小时，即使如此你却发现大家虽然很疲惫，但都没有喊一声累，而相反的是大家脸上都充满了充实和满足感，大家都觉得这种生活才是充实且充满激情的。他们的潜意识中会存有这样的意念——努力工作才可能挽救公司。在潜意识的带动下，你们能突破各种艰难和风险，度过危机，而几个月后，公司的业绩或许就会突飞猛进。潜意识发挥了超强的力量，拯救了公司。

（2）很多成功都是潜意识的功劳。

有些人的成功看上去纯属偶然，但是只有他本人知道这并不是偶然。其实在很大程度上，这些成功都是潜意识的功劳——潜意识给了他们无穷的能量，为他们的行动提供了源源不断的动力。

其实从那些成功人士身上可以发现，虽然他们成功的方式各不相同，但有一点却是相同的，那就是他们善于运用潜意识的力量来实现自己的梦想。有人将潜意识称为改变命运、收获梦想的引擎。当一个人潜意识里下定决心去从事某一件事情时，这个人就会在潜意识能量的驱动下，克服重重阻碍，最终改变自身的命运。来看看下面这个发生在汽车巨头亨利·福特身上的故事。

年轻时候的福特只是一名普通的电灯生产工。虽然岗位非常平凡，但福特从不缺乏好的想法。这一天，福特不由地产生了这样一个想法：他想要设计一种引擎。当他将这个想法告诉他的家人后，家人对他表示支持，并给予了他资金上的帮助。但福特的家里并不适合设计引擎，也缺少必要的厂房，尽管如此，这并没有影响福特设计引擎的决心，而且他还在离家不远处的一片空地上搭起了一个简易的棚子，用来设计引擎。经过刻苦努力，福特成功设计出了一款引擎，并将其安置在四轮马车上。

当福特和他的家人乘坐一辆没有马的四轮马车在大街上行走时，人们被眼前的这个"怪物"惊呆了，而且福特的这个举动轰动了世界，同时也对世界新工业产生了深远的影响。

在接下来的时间里，福特通过不断改进工艺和研发新技术，让汽车技术更加成熟。最终在潜意识能量的带动下，福特从一名普通的工人蜕变成为了汽车工业的巨人。

那么，究竟是什么让福特取得如此大的成就的呢？其实，潜意识的无形力量起着决定性作用。潜意识虽然是一种看不见、摸不着的神秘事物，但它却蕴含了巨大的潜能。福特就是在这个神秘潜能的作用下取得了成功。因为这种神秘的力量会告诉他如何去实现目标，如何才能到达成功的彼岸。

从福特的故事中，人们就会明白，一个人的潜意识迸发出的力量是惊人的，它具有操纵命运的神奇功效。如果一个人的意识给潜意识一个信号或目标，潜意识会为了这个目标行动起来，并且会认真执行意识发出的信号或指令。

3.在坚持的前提下，潜意识才会转化为潜能

每一种潜意识，都有它的优势，但只有在坚持的前提下，才能释放出这潜在的优势，转化为强大的潜能。

《憨豆先生》节目风靡全球。但说起艾金森的坚持，却很少有人知道。艾金森出生不久，父母发现这孩子不太一样，确切地说，是有些智力障碍。尤其在日常生活和人际交往上，单向思维的小艾金森显得异常幼稚笨拙。

高中快毕业的时候，艾金森参加了学校的篮球队，他的父母希望能使他有所改变，但低能的艾金森很快让人失望了。尽管他非常努力，但

天赋实在太低。队员们已经分组对抗了,他还站在篮筐下练习罚篮。

几个月之后,艾金森所在的篮球队参加了高中毕业前的最后一次联赛。他们运气不太好,第一场就遭遇上届冠军。比赛毫无悬念,打到半场,艾金森所在的球队已经落后20多分。中场休息的时候,一个队员建议说,这场比赛已经没机会了,能不能让艾金森上场。于是教练征询大家的意见,所有队员都赞成。

下半场,艾金森披挂上阵。很快,队友传球给他。艾金森站在熟悉的罚篮线上,沉腰、屏息、屈膝、投篮,篮球偏离了轨道。没多久,队友们又把球传给了他,还是没中。双方的比分相差越来越大,队友们只要一接到球便毫不犹豫地传给艾金森,可他每次都罚丢。

对方球员看出了其中的奥妙,也将手中的球传给艾金森。艾金森不停地投篮,观众们自发为他加油。时间越来越少,他仍然一球未进。汗水浸透了他的衣服……离终场还有4.8秒,艾金森再次出手,篮球在空中划过一道漂亮的弧线,稳稳落入篮筐。

"进了!球进了!"人们将艾金森高高抛起。在这场比赛中,艾金森成了最后的赢家。

随后的十几年里,艾金森遭遇无数的冷遇。被房东赶出过住处,不停地失业,挫折、失败接踵而来。但他一直保持着乐观的心态,等待着人生赛场上最漂亮的一击进球。

一个偶然的机会,《非9点新闻》的导演看到了艾金森滑稽异常的表演,决定让他主演一个新栏目。不久之后,这个名叫《憨豆先生》的节目风靡全球。艾金森凭借出色的表演,和金·凯利、周星驰一起被尊为"当代最伟大的三位喜剧之王"。

"如果没有那场刻骨铭心的球赛,这世界上不会有憨豆先生,而是多了一个流浪者。"很多年后,艾金森一直无法忘记那场特殊比赛对他的影响。

古希腊大哲学家苏格拉底在开学第一天对学生们说:"每个人把胳

膊尽量往前甩,然后再尽量往后甩。从今天开始,每天做300下。大家能做到吗?"学生们都笑了。这么简单的事,有什么做不到的?

过了一个月,苏格拉底问学生:"每天甩手300下,哪些同学坚持了?"有90%的同学骄傲地举起了手;又过了一个月,苏格拉底问:"每天甩手还有哪些同学坚持了?"这回坚持下来的学生只剩下一半;一年过后,苏格拉底再次问时,整个教室里,只有一个学生举起了手,他的名字叫柏拉图。

世间最容易的事是坚持,最难的事也是坚持。说它容易,是因为只要愿意做,人人都能做到;说它难,是因为真正能做到的,终究只是少数人。

如果你想做一个坚持自我的探索者,不妨牢记下面十条箴言,它们都很朴素,没有高深的内涵和华丽的辞藻,但是,朴素的道理最适合帮助勇敢的人寻找真理,它们必然能够指导你的人生。

(1)不明白明天要干什么事的人是不幸的。

人生在世,必须有所追求,才能成就价值。坚持自我的人虽然深知自己的目标,但是,他们有时并不善于计划自己的生活,所以,既要知道自己未来的大目标,又要清楚明日的小目标,尽量让小目标为大目标服务。每天都过得充实,都更接近自己的理想,这样的人是幸福的。

(2)没有伟大的品格,就没有伟大的人,甚至也没有伟大的行动者。

要成为伟大的人,必然要有伟大的品格。品德决定了你的行为的正义性、利他性。一个伟大的人之所以令人尊崇,就在于他在伟大品格下作出了巨大贡献。目的的纯洁、心灵的纯洁往往能够保持手段的纯洁、结果的纯洁。

(3)知之为知之,不知为不知,是知也。

一个坚持自我的人,对待事物要有客观的态度,才能避免偏听偏信,刚愎自用。知道的就说知道,不知道的就去询问。一个客观的人往往公正,而一个公正的人往往能够得到他人的信赖和尊重。

(4)那些一直把握机会充实自己的人,前途不可限量。

一个人想要成功,能力是最基本的要素。把握住每一个充实自己的机会,活到老,学到老,不断提高自己的能力和竞争力,也要不断接受新事物,适应新形势,不断激发自己的创造力,这样的人,才能立于不败之地。

(5)成功者朋友多。

坚持自我的人,不可缺少朋友。朋友会给你最中肯的意见,最有力的支持,他们是你事业的助力,也是你生活的良师。善于结识朋友的人,他的路会越走越宽。坚持自我的人,如果有了朋友的帮助,他们的路途便会平坦许多,孤军奋战的压力也在无形中减少,朋友在任何时候都是你的良伴,不能忽视。

(6)做对的事情比把事情做对重要。

坚持自我是件好事,成功者鲜有不坚持自我的。但是,要把握坚持的方向,如果方向错误,或者你要做的事会危害他人,还是提早放弃,另寻出路为妙。

做事有底线,才能成大事。

(7)世上没有绝望的处境,只有对处境绝望的人。

有志者,事竟成,破釜沉舟,百二秦关终属楚;苦心人,天不负,卧薪尝胆,三千越甲可吞吴。

不放弃希望,就仍有成功的机会。

(8)大多数人想要改造这个世界,但却罕有人想改造自己。

坚持自我的人,大多有雄心壮志,如果能够审视自身的弱点和劣势,通过学习,改正缺点,转化劣势,就会有更大的作为。坚持自我的人只看到前方的目标,偶尔也要停下来检视自身,以便更好地行进。

(9)失败是什么?没有什么,只是更走近成功一步;成功是什么?就是走过了所有通向失败的路,只剩下一条路,那就是成功的路。

面对失败,每个人都会对自己的能力产生怀疑,但是,失败是成功之母,失败能够给你宝贵的经验和教训。当你不再害怕失败,成功便会对你微笑。在失败中坚持,是成功者必备的素质。

(10)走自己的路,让别人去说吧。

别在意别人的说法,你的心愿才是最重要的。认定目标,努力前进,不要在乎旁人的非议,也不要在乎世人加在你身上的虚名,只有一心一意向目标前进的人,才是真正的成功者。

十条箴言,简单却很实用,坚持自我者最需要注意的,就是不要空有伟大目标,要有计划、有步骤,善于积累知识,善于借助朋友的力量,还要勇敢地面对挫折和失败,正视自身的弱点,承受住压力继续前进。成功者的道路从来不会顺利,所以,不要在乎别人的说法,你的人生,由你自己把握!

相信潜意识,你内在的潜能才能被挖掘出来

法国著名的哲学家西奥多·赛门·儒佛瓦曾经说过:"那些不相信潜意识的人,潜意识自然也是不会帮助他解决问题和困难的。"所以,相信潜意识是与潜意识达成良好沟通的开始和基础。

可以说,彼此之间的信任是达成协议的重要因素。如果你不相信潜意识,那么你与潜意识之间就会产生很深的隔阂,自然也就很难穿越这道门,而与之沟通就更谈不上了,这样一来,你内在的潜能就不能被挖掘出来。

1.相信"我能",突破自我设限

约瑟夫·墨菲曾经做过这样一个实验:上班一族习惯在晚上睡觉之前用闹钟给自己设定一个起床的时间,这样就可以安心睡觉,等待第二天闹钟将自己叫醒。但是如果哪天忘记了设置闹钟,第二天早上大多数的人都会起晚。可墨菲教授却认为即使不用定闹钟也可以用另外一种

方法准时起床。什么样的方法呢？

接下来，实验开始了。晚上很晚了，你开始上床睡觉，这时候你会发现自己已经昏昏沉沉，当你躺下的时候，很快就会失去意识，但这时你一定要告诉自己："明天是星期五，早上6点25分必须要清醒！"切记，一定要把脑中的闹钟比实际起床的时间调快5分钟，然后再继续睡觉。相信第二天早上你一定就会在6点25分很准时地醒来。

也许有人会问："这是怎么回事？我能做到吗？"墨菲教授会肯定地回答说："你能！这就是心理闹钟，完全是你的潜意识在帮助你准时起床。"

通过这个实验，我们可以看出潜意识的神秘力量是非常巨大的，只要你内心充满了那种想要实现某种做法的潜意识，那么它就一定能够帮助你实现，而且这种神秘的力量不但可以帮助你实现理想，更能够操纵和改变你的命运。

"我能"是激发潜意识的内在能量的一个重要环节。

每个人都有巨大的潜能，只是有的人潜能已苏醒了，有的人潜能却还在沉睡。任何成功者都不是天生的，成功的根本原因就是将自己无穷无尽的潜能开发出来。他们不会给自己的内心套上枷锁，即使前面没有大山，也会觉得前面的路被一座大山挡住，然后告诉自己：我不行，我做不到，我害怕。相反，他们给自己的内心一片自由的蓝天，让它无限自由地翱翔，这才有了一飞冲天的豪情。

因此只要内心没有枷锁，抱着积极的心态去开发潜能，你就会有用不完的能量，能力就会越来越强，离成功也就会越来越近。相反，如果抱着消极的心态，不去开发自己的潜能，任它沉睡，那你就只能哀叹命运的"不公"了。

成功殿堂的大门，不是任意通行的，每一个进入者都要拥有自己打造的钥匙。开启成功之门的钥匙，必须由我们亲自来锻造。锻造的过程，就是挖掘潜能、释放潜能的过程。假如你见了生人就害羞，不敢与人交谈，或者惧怕陌生的环境；假如你有类似于面部抽搐、不必要的眨眼、颤抖、小动作、难以入眠等紧张症状；假如你畏首畏尾、不敢争取，甚至经常觉得忧愁、焦虑和神经紧绷等，说明你在严重压抑自己的个性，内心已然套上了沉重的枷锁不能自拔。对事情你过于谨慎，行事顾虑过多，限制了潜能的释放，阻碍了才能的发挥。

"压抑个性"是对个人潜能的一种严重损毁，具有压抑个性的人不能表现内在的创造性自我，因而显得停滞、退缩、禁锢、束缚，拒绝表现自己、害怕成为自己。把真正的自我紧锁于内心深处，思维也几乎陷于停顿。这样潜能不但没有释放，反而消耗在终日疲惫不堪的状态中。

有个人在高山之巅的鹰巢里捉到了一只雏鹰，他把雏鹰带回家，养在鸡笼里。这只雏鹰整日与鸡为伴，和鸡一起啄食，一起嬉闹，一起休息。久而久之，它就以为自己也是一只鸡，与鸡的行为无异。后来，这只鹰渐渐长大，羽翼丰满了，主人就想把它训练成猎鹰。但是，因终日与鸡混在一起，它已变得和鸡完全一样，根本不知道该如何飞翔，它觉得鸡本来就是不会飞的，自己是不可能飞起来的。无论主人想什么样的办法，它都飞不起来。最后，主人很无奈，把它带到一处绝壁顶上，一下将它扔了下去，这只鹰像一块石头一样，垂直落体，直掉下去。在求生的本能下，鹰慌乱地、拼命地扑打着翅膀，没有掉到谷底摔死，就这样，它终于飞了起来！

或许你会说："它本来就是鹰，不是鸡，所以它才能够飞翔。而我本来就是一个平凡的人，因此，我也不可能做出什么了不起的事来。"这正是问题的关键所在——你从来没有期望过自己做出什么了不起的事来，因此总把自己定在自我限定的狭小范围内！甘愿把自己当成一只鸡。

爱迪生曾经说过："如果我们做出所有我们能做的事情，我们毫无疑问地会使自己大吃一惊。"

有一个正在巡回表演的马戏团，成千上万的观众被它吸引，更令人拍案叫绝的是其中一只大象的演出。

有一个少年特意跑到马戏团的后台，为了能够更近距离地看看大象，他到处找大象栖身的地方，那里刚巧没有其他人。但是，他发现那头大象被一条普通的绳子缚在一根木头旁,他感到很奇怪。

少年好奇地问一位驯兽师:"先生,为什么只用一条绳子便能制伏这么巨大的象,难道不怕它用力一拉便逃走了吗?"

"你不了解吧!"驯兽师笑一笑,回答他,"当它还小时,我们用大铁链把它锁着,每当它想逃走时,它只要用力一拉铁链便痛得动弹不得,久而久之,每次当它想到用力拉就有痛的感觉的时候,它最后便放弃了。所以,现在我们只需要用一条绳子缚着它,它也不再相信自己可以逃走了。"

现实生活中,是否有许多人也像大象一样?年轻时意气风发,屡屡去尝试着实现自己心中的梦想,但是往往事与愿违。在经历过多次的失败打击之后,他们便消极起来,不是抱怨这个世界的不公平,就是怀疑自己的能力。他们不是去努力寻找新的奋斗目标,追求突破,而是一再地降低自己的人生目标——即使原有的一切限制已取消。

"大铁链"虽然被换掉,但他们早已经痛怕了,不敢再尝试,或者已习惯了,不想再跑了。人们往往因为害怕而放弃追求成功,甘愿忍受失败者的生活。

难道大象真的不能挣脱绳子的束缚吗?绝对不是。只是它的心理已经接受了"这根绳子的强度是自己无法挣脱的"这个念头。

有一个古老的故事:一只长年生活在一口小圆井底下的小青蛙,它住的那种水井,就像你常常会在农家小院看到的一样。小青蛙和家族世世代代一直住在那里,它也很满足于在水里嬉戏,绕着这口水井游泳。它常想着,我的生活不可能比现在更好,因我已拥有了一切所需。

但有一天,它抬起头看并注意到了井上面的光线,小青蛙好奇了起来,它开始猜想上面会有什么东西。它慢慢地沿着井壁往上爬,当它爬到井口时,它小心地沿着井边往外看,仔细一瞧,它首先看到了一个池塘。它简直不敢相信,这池塘可比自己住的那口井大上好几千倍!它继续往前爬,发现了一个大湖,于是它惊讶地瞪大眼睛站在那儿。小青蛙继续沿着湖边往前爬,终于有一天,小青蛙历尽艰险,长途跋涉来到大海,目光所及之处,尽是一望无际的汪洋,它的震惊难以形容。

这个故事我们都很熟悉,但是你是否深入思考过,其实,你也是在坐井观天?认为自己已经达到了人生的巅峰,达到了生命的极限,不可能再有更大的成就了,永远做不成什么大事,无法成就什么丰功伟业,不能享受像别人一样的生活……

从你的"井"里爬出来吧!跨越现有的心理高度。只要你希望生活中发生好事,那么就没有什么好事不能变成现实,没有什么美妙的事不会发生,没有什么好事不能持久。

即使你现在仍沉浸在消极的想法中,但只要你开始"救赎"自己——你便能从谬误和谬误导致的结果中解脱出来。

一个人,无论他的能力多么突出,才华多么出众,学识多么渊博,但最终决定他能否成功的却只有一项因素——他的意念,即他认为自己能取得多大的成就。

假如我们面前有一块铁。

第一个拿起粗糙铁皮的人可能是一个铁匠,他只是在一定程度上掌握这门手艺,但却没有眼光能将铁块升华。他认为最好的可能就是将这块铁制作成马蹄铁,如果制作成功,会自己庆祝一番。

这时,出现了一个刀匠,他受过一点点教育,有一点点眼光,洞察力稍微敏锐一点点,他从这块铁上面看到的东西稍微多一点。他学习过淬火和回火等许多工艺,他也有砂轮、抛光轮以及回火炉等工具。铁块被熔化之后,被碳化成钢,取出之后进行锻造、回火,加热到白热程度,再被放到冷水中以提高韧度,最后小心翼翼地进行打磨和抛光……

当所有程序完毕,他给目瞪口呆的铁匠出示了一把价值几千元的刀身,而后者从这块铁皮中只看到价值十几元的马蹄铁。

但是,当刀匠向另外一个工匠展现他的艺术成果时,这位工匠却说道:"这块铁的价值,你连一半都没呈现出来。我看到一个更高级、更好的用途。我对铁有所研究,对铁的成分以及它能够制作成什么都非常清楚。"

这个工匠的手法更细腻,感觉更敏锐,训练更有素,想法也更高级,决心也更大,这些让他对这块铁的了解更深,看得也更远——不止是马蹄铁,不止是刀身——他将这块粗铁变成精致的细针,并用极其精准的手法切割针眼。与刀匠的工艺相比,这种细小到几乎都看不见的针眼需要更为精巧的工艺和技巧。

工匠认为自己的技艺简直到了不可思议的地步,也已经将这块铁的可能性发挥到极限了。而且,他的作品价值是刀匠作品的好多倍。

但是,又来了一个技术非常高超的技工,他的头脑更灵活,手法更细致,为人也更有耐心,也更勤奋,技术水平和所受训练都更高,他不在意地掠过马蹄铁、刀身和细针,而将这块粗铁制作成细致的钟表发条。当其他人看到价值只有数十乃至数千元的马蹄铁、刀身或细针时,他具有穿透力的眼睛看到的却是价值上万元的产品。

又有一位更高明的工匠出现了,他告诉大家这块粗铁尚未得到最高境界的表现。他拥有可以让这块铁创造奇迹的魔法。在他看来,即使是钟表发条也似乎稍显粗劣笨重。他知道如何将制作发条的工艺进一步延伸,如何在制作的各个阶段让工艺尽善尽美,如何对金属质地进行完美处理,从而让金属的每一寸纤维都能产生不可思议的效果。他将铁块通过多重提炼工艺处理,经过细致的回火,最后成功地将铁块制作成几乎都看不见的螺旋形细弹簧……

就像每一位工匠都有自己的锻造目标一样,我们对自己的期望将决定我们会成为什么样的人。

如果我们只能看到马蹄铁或刀身,我们即使付出所有的努力与奋斗也不会制作出细弹簧。

那么,你正在期望什么呢?

一些人总是爱说"我期望最坏的事发生"或者"最坏的事还没有发生",这些人是在故意引导最坏的事情的到来。而另一些人则常说:"我期望事情变好一点。"他们就是在引导好的境遇进入他们的生活。

改变你的期望,就改变了你的境遇。

如果说人生就是一个自我锻造的过程，那么成功就是将自己所拥有的"材料"——无论它是性格、知识还是经验——的价值最大化，而决定这些材料最终具有多大价值的因素是锻造师的心理期望。

这就好比你是一块铁，你的内心期望自己只是一块马蹄铁，你就只可能锻造成一块马蹄铁，而不会成为价值百万的精密仪器。

无论遇到什么样的困难或危机，如果你认为你行，你就会想各种办法去处理和解决这些困难或危机。只要对自己的能力抱着肯定的想法，就能发挥出积极的力量，并且由此产生有效的行动，直至引导你走向成功。自我发掘的决心，自我依靠的习惯，可以让你变得越来越强大。你的内心有一个什么样的自己，你就慢慢地会变成什么样的自己。所以，大胆地释放你的内心，释放你的潜能吧！

相信就是一种内在的确定，只有内在确定了，潜意识才会发挥作用，才会帮助你去获得你所想要的。就像美国作家爱默生所说："一个人就是一天到晚自己所想象的那个样子。"

要相信：你是一个独特的人，你会为这个世界做出有意义的独特贡献。

每一个人都怀着一个目的来到世间。你来到这儿是有原因的，你在这个世界上要扮演一个无人能替代的角色。你来这里所要做出的特殊贡献就是做你真正爱做的事。当你在做你真正爱做的事时，你就是在追随你的更高道路，你的生活就会充满越来越多的喜悦、丰裕和安宁。

(1)在做你真正适合的工作时运用你独特的技艺和才能。

这项工作可以有许多不同的形式，在你人生的一个时期内某一份工作是你真正爱做的事，而在其他时候则是别的。例如，一个人的人生事业是激励他人，帮助他人发挥出最大的潜能。当他在做侍应生、打杂工、店员、仓库保管员时，他总是快乐地鼓励别人，帮助他们发现自己的力量。后来，他开始从事写作，写了许多励志书籍，鼓励人们尽自己所能快乐地生活。当他的书出版之后，他成了一个受欢迎的演讲者，在全国各地作励志演讲。虽然他的工作随着自己的成长而改变和发展，但他在自己所做的每一种工作中都发挥了他的最高技艺——激励他人。

当你在开创你的人生事业,感受到它带给你的生机和活力时,你就会重新认出什么是你真正愿意做的。你会觉得生活有了更大的意义,你正在做出宝贵的贡献。你会拥有一个引人注目的愿景或目标。你会在自己生活的每一个方面都感觉更快乐。你的工作会让你更充分地表达你是谁,它会帮助你成长和发展。

(2)你可以在你所做的任何工作、在你扮演的任何角色中作出独特的贡献。

你可以散播善意,用你的内在光明触及你遇到的每一个人。你不一定要有一份工作,甚至不一定要从事商业活动才能做你爱做的事。你可以通过社区活动或个人爱好来体现它们。你可以把养家糊口当做真正爱做的事,来帮助你的孩子的生命能量进入到更高的秩序中。当你的生活充满了有意义的活动,你就会散发出喜悦和爱,你就会对丰裕具有吸引力。

你可以拥有让自己感到满足和满意的工作。你可以在生活中的每一天都感受到活力,同时又赚到钱。你可以在一个对自己有帮助的环境中工作,你乐于与周围的人相处,做着你喜爱的事儿。当你运用你的独特技艺时,你就能吸引来赚钱的机会,它们能让你充分表达自我,会向你发出挑战,并激励你。当你做你喜爱的事儿,你就会影响你周围人的生活。当你在做你喜爱的事儿,你就是在实现你来这里所要完成的目的。

无论你喜爱做什么,都会以某种方式帮助到他人,因为当你在运用你的最高技艺,你就会自然而然地为他人做出贡献,这就是能量循环之道。当你服务他人时,无论你在做什么,你都充分发挥了你的才能和技艺,你的工作和服务就会是别人需要的,而成功就会流向你。即使你在做自己喜爱的事儿,金钱似乎并没有增多,你还是要相信自己的内心,追随你的更高道路,因为追随这条道路比追随任何别的道路会给你带来更多的财富能量。

(3)学会觉察自己所做的每一件事儿,将你周围的能量带入更大的和谐、美丽和秩序中。

做你真正爱做的事会为你的觉悟和灵性的成长提供一个载体，因为当你喜爱你所做的事儿时，你就会自然而然地专注并觉察你的活动。

通过关于理想生活的梦境或幻想，你的人生事业会向你显现。你也许梦见自己投身大自然、环球航行、写一本书、作曲、绘画、花时间训练一个体育项目、养家糊口或教授课程。你或许想要创业或为别人提供咨询。你最深的渴望和梦想来自于你的灵魂。你的灵魂不受你现在身份的限制，它能看见关于你是谁的更广大的画面，并知道你这一生可能实现什么。它通过给你有关理想生活的梦境来向你展现你的潜能和方向。不要把你的幻想当做是一厢情愿的想象而丢弃。要重视它们，把它们当做是来自你生命最深处的讯息——你能做什么，你能选择什么方向。

真正适合你做的事儿也许还不是一份你现在可以找到的工作。它或许是一份你要开创的工作。人类正在经历一场意识转变，会需要新的形式让这种意识来临。旧的形式将要改变，成千上万的人会改变工作，开创新的事业。你们此刻可以创造新的工作，建造新的架构以支持这种新意识的扬升。寻觅新的机会，感觉哪里有新的需要，并创造满足这些需要的形式，这都是你能掌控的。当这种新意识传播开来，你就会有一种越来越强烈的愿望，想要去从事新的工作，这份工作将赋予你和他人力量，带来挑战让你进一步成长，并给你机会把你周围的能量带入更高的秩序中。

2.相信你有能力创造出自己想要的事物

"我只期待最美好的事情发生，而它真的发生了。"——相信你有能力创造出自己想要的事物，并知道你值得拥有它，且能以许多方式展现。

举个例子，假设你想要一个新家，但你认为你没有足够的钱。但与其放弃，不如像"钱已足够"那样采取行动。开始想象你理想中的家或公寓,然后去看房,就好像你有钱买房一样。跟自己一遍又一遍描绘你完美的家。尽管你一开始并没有买房的钱,但你想要新家的意愿会创造出任何可能的改变。当你的意愿强大起来,你就会开始吸引某些人和事。你的能量就会被这个意念牵引着强大起来。最终,你会吸引来各种机会。而如果你不清楚自己的意愿,不采取实现它的行动,这样的机会就不可能出现。

有个女孩想找个市区的住所,现在她一个月用于租房的钱最多只有300元,但是在市区内,即使是一间和别人合租的小房间,月租金也不低于500元,而且她还养了一只猫。她的朋友们都不相信她能找到这么一个地方,她没有理会这些。她渴望在两个星期内找到住处,所以开始在心中清晰地描绘她想要的房子。她不断告诉自己,她能做到。她开始想象公寓的样子,并吸引它前来。

有一天,她感到有一股想出去散步的冲动,出门后她遇到了一位妇女,这位妇女正坐在一座房子的台阶上。不知出于什么原因,她想要告诉这位妇女自己正在找一个住的地方。结果,这位妇女就是这所房子的房东,房子里有一个单间,正好符合她的要求。房东并不想靠出租公寓来赚钱,因为不喜欢以前的租户,所以决定除非有合适的租户,否则就不再出租(公寓已经空了两年了)。她们很合得来,这位妇女同意让她搬进来,她可以养她的猫,月租金正好是300元,而且她可以步行上班。

所以说,信任是意念世界和物质世界之间的纽带。它保证一个想法从产生到彰显之间的不间断性。要认识到,你的梦想在意识层面已经成真了,它们只是在等待显现在你的物质世界中的最佳时机。

(1)当自己走对了路,门就会打开,巧合会发生。

当你没有走对路,或没有在追求你更高的目标,你就会感到寸步难行,诸事不顺。当你在追随属于你的道路时,你的能量就会流动,你的生活通常会过得很安逸。这并不意味着你不会遇到任何障碍。你的挑战是,要认清这样的障碍是意味着你要重新审视自己的道路从而寻找新的,还是为了帮助你培养毅力和耐心等品质。答案并不容易找到,要知道,什么时候该向前冲、什么时候该另找出路,这来自于经验和自我觉知。

要分辨障碍只是你成长的一部分,还是在告诉你要另择他路,有一种方法就是审视自己想要成就什么。如果你的目标让你感到愉快,或克服障碍会让你有一种喜悦感,并且你知道这样做会给你带来自己想要的事物,那么克服这样的障碍就是适当的。有些人喜欢迎接挑战,因为当他们真的得到了自己想要的事物时,超越这些障碍会增强他们的成就感。

小文想找一套新公寓,因为住在她楼上的人非常吵闹,她找了三个星期却毫无结果。她一直坚信完美的家就在她现在生活中,她不断克服各种障碍,尽管所有迹象似乎表明采取其他行动可能会更合适。几个星期之后,小文楼上的邻居意外地搬走了,新搬来的人非常安静。她根本不必搬家了。同时小文也认识到,每一次寻找新公寓的尝试都受到阻碍,去寻找新的住处对她来说是一件痛苦的事。她明白,除了噪音之外,自己依然喜爱现在的家,并不是真的想搬走。

如果你一直专注于自己想要的事物,当时机合适时就要采取行动,障碍很可能会自行消失。如果克服障碍就像是一种痛苦的挣扎,这很可能是在告诉你,还有更好的方法可以达成目标。你视之为障碍的这些环境常常会把你引向另一个方向,结果那是一条更好的道路。障碍也会是为了保护你,防止你过早采取行动,或者让你注意可能被你忽略了的东西。在你迈出下一步之前,它们也给你机会去处理所有需要处理的问题。

(2)坐在那里相信是不够的。要采取行动来展现你的信任。

因为你生活在一个有形的物质世界里,所以要想拥有你想要的事物,就要采取行动。通过将你的观念付诸行动,获得回馈,看到结果来培养你的信任。每当你愿意冒险,你就增强了信任自己的能力。

比如,像你有钱去做任何你想做的事那样行动。以前你多少次因觉得自己没钱而迟迟没有得到某样东西,但有一天当你得到它时才发现你一直都买得起它。如果你想要什么东西,那就去察看、观想,并采取行动。你常常会发现,要得到你想要的东西并不像你想象的那样要花那么多钱,或者一个朋友会给你一个用过的,或者你会以一种意料之外的方式得到它。采取行动来展现你想要某样事物的意愿,这样的行动不一定就能直接给你带来这样东西或这笔钱,但你的意愿会向你的能量场发出信号,让它开始凝聚你的能量,给你带来你想要的事物。

当你的要求与你现在所拥有的事物相差甚远时——例如让自己的金钱剧增,这可能要花一些时间才会实现,那么,你就能做好迎接它的准备。

想象你自己的能量在以某个频率振动,想象你现有金钱的数额与这种振动和谐一致,告诉自己,如果你没有做好适当的准备就突然面对一大笔钱,这笔钱的振动就会与你的振动失去平衡。

你也许听说过,有人赢了很多钱,却在几年之内就花得精光,结果还是回到他们以前的状况中。也有人赢了许多钱,他们的生活却没有什么大的变化。等几年之后,当他们能自如地处理这么一大笔钱时,他们就做好准备进行重大的改变。

准备好拥有数额越来越大的金钱,这一点很重要。这样当更多的金钱到来时,它就会与你的生活保持平衡。用意念调整你的能量,直到你对一笔更大的钱感到舒服为止。

有时候,外在似乎什么也没有发生,但你的内心已经经历了许多的改变,以便对自己想要的事物做好准备。你要认识到,发生在你身上的一切都是让你做好准备拥有它,并帮助你改变自己的能量振动频率,以便更好地集中你的能量场。

3.相信一切都会在最佳的时机以最佳的方式来临

新事物的来临需要时间,而许多人都放弃得太快了。目标更大,就需要你迈出的脚步更大,花更多的时间才能拥有你想要的事物。这是因为,要从你现在所在之处到达你想要去的地方,就要采取若干个步骤,需要发生若干个事件。

当你在等待某样事物来临时，要坚定自己的信心，培养自己的勇气，并学会根据你得到的内在指引采取步骤和行动。

(1)事情在适当的时候出现也很重要，最好是你为它们的到来已做好了准备。

如果你想要的事物来得太早，当时的情形可能还不适合开花结果。如果它来得太晚，它全面发展所需的一些机会可能已经错过了。就像是一颗决定在寒冬发芽的种子，对于这棵植物来说时间还太早，此时发芽，幼苗也许还不够强壮，无法生存。如果种子等到夏末才发芽，可能在秋冬来临之前它已没有完全生长的时间。

回想一样你以前想要却没得到的东西，你很可能会认识到，它在当时对你并无帮助。如果你想要创造的一些事物在不适当的时间，或以错误的形式被创造出来，可能它们就会阻碍你。然后你就需要摆脱它们，摆脱它们所需花费的时间和能量会让你不再专注于你所走的道路。

培养信心非常重要。时刻想着你的目标，不断努力向它迈进，而不是盼望它即刻就有结果。你不一定总能知晓自己的内在指引正在将你引领向何方，你可能觉得根据指引而采取的一些行动不会给你带来你所期望的结果。

要相信，你的内在讯息正在指引你实现你的目标，即使你此刻并不知道如何实现。

要相信，如果你所要求的事物有益于你实现更高的人生目的，你就会得到它，并且发生的一切正在帮助它来临。不要用暂时得到多少金钱来衡量努力的结果，而是要看到你是多么喜爱自己正在做的事，你的行动会赋予你更多的人生价值。当你继续追随自己的内在指引，并做自己觉得有意义的事时，你就会实现自己的梦想。

要相信，你正处于得到你所要求的事物的过程中，或者你可能已经得到了它的本质。你所吸引来的事物都是为了教你解决某些问题，并帮助你获得更多活力和成长。你并不总是需要物质结果才能做到这些。

如果你还没有得到你正在吸引的事物，那就再次察看你想要的事物的本质，并看看你是否已经以某种方式得到它了。回顾你想创造它的真正目的，并检查这个目的是否已经以其他方式实现了。

(2)当你想要给予或接受爱和奇迹时，你唯一要做的就是拥有这样做的意愿。

回想你曾为他人创造的一个奇迹——也许你送给某个人一份礼物，这份礼物对他或她来说不仅很有价值而且正是他或她需要的。

回忆你对这个人爱的感觉——奇迹来自于你心中的爱，奇迹也把爱带给你。那个人一定很愿意接受你的礼物，这样爱的能量才得以完成。如果他或她无法接受，那么奇迹就不会发生。

当你想要给予或接受爱和奇迹时，你唯一要做的就是拥有这样做的意愿。去寻求最高、最大的愿景，用愿景和爱去提升你的人生价值，聚集你的零散能量。

如果你想要什么，那就要求你的灵魂向你展现爱与信心。

有时候，你的心灵就站在通往奇迹的路上。对于列计划、制订目标和将事物视觉化等事，你的心灵很擅长。在你吸引某样事物之后，为了加快过程和创造奇迹，你就要敞开心怀。相信你自己，热爱他人，并且每天都用行动来展现你的爱。

尽你所能地去爱别人。待人亲切和善，说出爱的话语，宽容不尊重你的人，对别人抱着爱的想法，用你的言行来表达你对他们的尊敬。不要评判或批评，相反每时每刻都寻找爱的机会。要记住，当你周围的人满怀爱心，你爱别人就很容易。当你周围的人缺乏爱，你是否能依然爱他们，这就是你的挑战。当你怀着爱和同情心对待他人，你就会吸引来机会、金钱、更多的人、奇迹，甚至更多的爱。爱将你置于更高的流动之中，并为你吸引来美好的事物。当你在新的领域中敞开心怀，你对美好的事物就会具有更多的吸引力。

奇迹会出乎意料地发生，带给你超乎想象的事物。当你不再执著外在的某些事物并信任你的内在指引时，它们通常就会随之发生。奇迹常常因你生命最深处发出求救的呼唤而来临。危机常常会创造奇迹，因为它呼唤你灵魂的最深部分进入意识。你的灵魂总是在照看你，给予你爱和指引。

当你静下心来，进入内在，你就会从你内在的最深处获得答案。当你进入内在，寻求你灵魂的帮助，答案就会显现，奇迹就会发生。你要学会无需凭借危机时刻的到来就能进入到生命的最深处。奇迹是你向内联结灵魂的结果。

如果你想要什么，那就要求你的灵魂向你展现爱与信心。然后，敞开心怀，准备接受，并且在你所要求的事物到来时，你要有意愿认出它们。每当你接受别人的爱，每当你敞开心怀接受来自宇宙的爱，你就开始了在你生命中创造奇迹的过程。

你也要记住，你生活的环境可以在一夜之间改善。改变你的环境并不需要花时间，除非你相信这一定要花时间。也许你能回想起以前的某次经历——自己为钱发愁了一整天，但第二天就遇上了一件喜事，烦恼一扫而光。

如果你正在为钱忧心忡忡，要记住这是暂时的，境况会改变。

尽可能回想你曾经历的某些时刻，你得到了一笔钱或你想要的事物，它们出乎意料地到来，仿佛是一个奇迹。你越是愿意抱持积极的想法，聆听内在指引并据之行动，相信你自己，致力于你的更高目的，你就会吸引更多的奇迹。

生命本身就是最伟大的奇迹。你就是奇迹，你有可能创造出你想要的任何事物，这是另一个伟大的奇迹。对于你所能拥有的，你并没有障碍，也没有限制。唯一的限制就是你能为自己描绘什么，你能为自己要求什么，你相信自己能拥有什么。

第二章

意念：

把潜能发挥到极限的秘诀

人的行为受意念支配，你想要做出什么样的成绩，关键在于你的意念。

爱因斯坦曾经说过："意念要比知识重要得多——知识是有限的，而一个人的意念却是概括整个世界的一切，同时也在推动着世界不断前进。意念是知识进化的源头。"的确如此，意念是人生之中最重要的存在因素，是潜意识发挥出强大力量的核心因素。

制造潜意识：意念的力量

美国心理学家李·克隆巴赫曾经认为："一个人有了不同的意念之后，其潜意识里就会不断加强和积蓄这种意念的力量，并且在行动中会发挥出其强大的力量。"李·克隆巴赫的这句话并不是凭空而来，而是经过了众多的实验和科学研究得出的，从这句话中就可以看出意念的重要性。

只有拥有了肯定的意念，才能让潜意识不断加强和发挥出其中的伟大力量，进而塑造一个成功完美的自我。

知识本身不会让一个人拥有巨大的创造力，但是意念却可以。

培养一个好的自我意念，并且肯定它、支持它，是激发潜意识能力的关键。

1.心中的意念只要得到了肯定，就能获得无穷的潜能

意念是每个人不断发展的一种能力。细数历史，所有的成功人士，不管是科学家还是政治、历史学家都有自己坚定的意念。可以说，正是意念给了这些人奋斗的无穷潜能量，才使他们取得了别人所不能拥有的成功。

意念是一个人所有创造力的源泉，心中的意念只要得到了肯定就能够获得无穷的潜能量，通常而言，意念越强，潜能力也就越强大，距离成功也就会更近。

心理学家李·克隆巴赫曾经在一次公开演讲中这样说道："无论什么时候，当你内心产生了焦虑、恐惧和不安的时候，你都应该冷静下来，保持一颗平和的心，并且在自己的内心进行强有力的意念聚集，这样一来，潜意识就会增强其能力来为你解决当时的忧虑和不安。"他还表示："你要时刻在内心对自己说'我心中存在着无限的力量'、'我有强大的智慧'、'这绝对是对我有利的'等，这是一种意念力，也是加深潜意识、增强潜在能力的重要因素。"

李·克隆巴赫曾经做过这样一个有趣的实验：将一批篮球运动员分成两组，分别进行不同的篮球训练。其中一组的成员接受的是常规的实际训练，争取更快更准地进更多的球；二组的成员接受的是头脑中的意

念投篮训练。不久两队进行公开比赛,结果显示二组的成员比一组的运动员进步大很多。

比如,在考试的时候,只要你内心想象着自己一定能够考好,而且不要把考试想象得那么难,那么在潜意识里你就会放松紧绷的神经,让你拥有一个放松的心情,相信最终你的成绩会比平时好很多。

世界著名的游泳运动健将弗洛伦丝·查德威克的游泳精神已经被人们永远地书写在了运动史史书中。有一次她在从卡德林那岛游向加利福尼亚海湾的途中发生了一次意外状况——在海水中已经拼命游了16个小时之后的弗洛伦丝,被庞大的雾气挡住了视线,她看不到终点还有多远, 以致她的脑海中出现了这样一个想法:"什么时候才能游到终点呢? "伴随着这个潜意识而来的就是身体极度困乏,甚至感觉一点力气都没有,因此她失去了信心,发出了停止的信号。等被拉上岸时,她才发现原来自己仅仅距离海岸一海里。

显然,只要她再坚持一会儿就能破纪录,但是她却被自我内心的消极意念打败了,而她的潜意识里也没有了潜能量,让她失去了一次成功机会。

因此弗洛伦丝认为,真正阻碍自己成功的不是大雾,而是自己内心的意念。于是在两个月以后,弗洛伦丝决定要重游这个海线,而且要打破纪录。当她再次重游这个海线的时候倍感精神,在游到上次失败的地方时,她内心只有一个意念:"距离终点已经越来越近了,就要到了! "此时她的潜意识也接收到了这样的暗示, 于是她的身体各个器官仿佛能听懂她的话语一样,做好了各项准备,而弗洛伦丝在内心不断地对自己说:"我这次一定能够突破纪录。 "至此,潜意识将她那潜在的能力全部激发出来, 她顿时感觉浑身上下充满了能量和信心, 最终她打破了纪录,实现了自己的目标。

由此可以看出,弗洛伦丝之所以能够打破纪录,成功到达目的地,就是因为她在内心有十分肯定的意念,而肯定的意念让她浑身上下充满了能量,让她取得成功。

研究发现,潜意识是不会辨别真假的,内心有什么样的意念,就会有什么样的潜意识。这种意念一旦被论证和肯定,就会变得强大,潜在能力也会变强,进而帮你实现其中的意念。

所以,培养正向的意念尤其重要。

什么是正向的意念呢?

首先,意念不等于白日梦:诸如内心想象着能够拥有几十万美金,这不叫意念,而是白日梦或者痴心妄想。痴心妄想并不具备释放内心潜在能力的条件和能力。

印度河不远的地方住着位波斯人阿里·哈法德,他曾经拥有大片的兰花花园、稻谷良田和繁盛的园林,知足而富有。但是有一天,一位佛教僧侣前来拜访他,向这位农夫讲述了钻石的魅力。于是阿里·哈法德开始变得不知足,变卖了农场,把家交给邻居,然后踏上"美丽"的寻找钻石之路。

但是他踏上的却是一条不归路:历经坚辛的寻找结局是他痛苦万分地站在西班牙巴塞罗那海湾的岸边,怀揣着被那位僧侣激起的庞大财富的诱惑,将自己投入了迎面而来的巨浪中,永沉海底。

不过,几十年后的一天,当哈法德的继承人牵骆驼到花园里去饮水时,突然发现,在那浅浅的溪底白沙中闪烁着一道奇异的光芒,他伸手下去摸起一块黑石头,石头上有一处闪亮,彩虹般美丽,原来是钻石,继而在花园中又发现了许多比第一颗更漂亮更有价值的钻石。

这就是印度戈尔康达钻石矿被发现的经过。哈法德老人寻找了一辈子的钻石其实就在自家的后花园里。

以这个故事为素材,美国演说家鲁塞·康维尔进行了题为《钻石就在你家后院》的著名演讲,他的演讲曾激励过两代美国人在自己的岗位上勤奋耕耘。

一个世纪后的今天,我们再次聆听戈尔康达钻石矿的发现经过,在抛开其纯粹的偶然性和传奇色彩后,我们依然会被故事背后的深刻寓意所警醒和震撼。

很多人普遍存在着好高骛远,贪逸恶劳,职业定力不够等现象。一些人总是希望别人家的草地就是自己的,却从不曾仔细关注过自己的脚下,不曾注意自己手头的工作,不曾分析过手头工作可能给自己带来的财富。每天总是在羡慕别人的工作,甚至感叹成功者的机遇不可复制。

很多人,因为自身的成长经历复杂,成长过程几多反复,几多懦弱,在更多的时候不是表现对自己的自信而是对自己的茫然,不知所措,理想不够坚定,又不能正视现状,认识不到态度决定一切,生活本身就是一种乐趣,而我们就是乐趣的主人。

如果我们能立足本职,勤勤恳恳,脚踏实地,在实践中摸索,着眼未来,灵感和机遇同样会垂青于我们。这山望着那山高,不想通过努力就企图坐享其成那无异于期待天上掉馅饼。

须知,厚积才能薄发,如果没有几千次纤维材料的试用失败,爱迪生也找不出新的发光体来延长灯丝的寿命,同样,我们如果不能定下心来踏踏实实做好自己的本职工作,也谈不上能有什么发明与创造,因为那些在工作中有所发现有所创新的成功人士无一不是扎根于实践,他们经历了多次的失败,在无数次的摸索中才能取得后来辉煌的成绩。

我们需要抵制住诱惑,克制不合理的欲望。只有基于现实状况能力基础上的意念,才能够顺利地发挥强大的潜在能力,才能够实现目标。

其次,肯定意念一生都需要,千万不能一时有一时无。

对意念的肯定,一生都需要,不能一时有一时无。但是,人生旅途有一场接一场的比赛,输赢都是难免的。赢了,这份肯定就很容易建立;输了,就很容易削弱,甚至丧失。

然而,下一轮比赛马上开始,更需要挺起自己的脊梁,需要勇敢地面对新一轮的竞赛。

因此,可以输掉几场竞赛,却不能输掉这份对意念的肯定。

有一个人文化程度不高,失业了,看到微软招清洁工的信息,就去应聘。经过面试和实际操作测试,表现不错,人事部门告诉他被录取了,向他要E-mail邮箱,以寄发录取通知和其他的文件。

他说:"我没有电脑,更别提E-mail邮箱了。"人事部门告诉他:"对微软来说,没有E-mail的人等于不存在的人,所以微软不能用。"

他很失望,但是没办法,只好离开微软。出来之后,口袋里只有10美元。为了继续活下去,他到便利店去买了10公斤的马铃薯,然后在附近挨家挨户去推销。两个钟头后,10公斤马铃薯被他卖光了,获利100%。

随后他又做了好几次这样的生意,把本钱也增加了一倍。他发现,这样可以挣钱养活自己。于是,他认真地做起这种生意来。运气加上努力,他的生意越做越大,还买了车,雇了员工。5年后,他建立了一个很大的"挨家挨户"的贩售公司,提供人们只要在自家门口就可以买到新鲜蔬菜瓜果的服务。

生意成功后,他考虑到为家人规划未来,于是计划买一份保险。签约时,业务员问他要E-mail邮箱。他再次说出:"我没有电脑,更别提E-mail邮箱了。"

业务员很惊讶:"您有这样一个大公司,却没有E-mail。想想看,如果您有电脑和E-mail,可以做多少事!"

他却说:"如果有电脑和E-mail,我会成为微软的清洁工。"

输了一次不等于接着再输,一个方面输了不等于满盘皆输。只要你挺起自己的精神脊梁,勇敢地面对现实,认真地思考,积极地行动,就能在新一轮的竞赛中赢得胜利,甚至收获更多。

就像上个故事里的主人翁,不懂电脑,跟不上时代的步伐,没有现代通讯的基本工具,因此,失去了一次在微软就业的机会。但是,他找到了不需要有E-mail邮箱的机会,创造了一个新项目,自己当冠军,得到了很好的回报。这份回报,比他进入微软做清洁工的回报要大很多。

尺有所短,寸有所长。在人生的竞技场上,每个人都有自己的强项和弱项。在某个方面弱不等于其他方面不强,在一项大赛中输了,不等于遇不到自己的强项,不等于下一项比赛也无力战胜对手。输了一项比赛,甚至连输几场,不可怕,人生的竞技场上还有无穷无尽的竞赛项目,还有翻身的机会,还有胜多输少的可能。

　　而且,与体育赛场不同的是,在人生竞技场上,即使你以前多个项目都失利、失败,只要在一个重要项目上获胜,你就是胜利者,是赢家。更重要的是人生竞技场上的竞赛项目不是固定的, 也不是都由别人确定,你可以为自己创造全新的竞赛项目,自己率先做新项目的冠军。

2.只有清晰的意念,才能让潜意识迅速地转化成潜能

　　弗洛伊德曾经在试验中提出:"一个人给予自己的潜意识的指令越是清晰,它就越能给人带去更多的帮助。"这说明意念必须清晰,才能让潜意识迅速地转化成潜能。

　　这就好比是一艘船,你是船长,当你向舵手发出清晰且坚定的号令时,舵手就会拼命且准确地朝着你所指示的方向前进;但是如果你的指令不够清晰,舵手也就自然不知道要往哪个方向行驶,这艘船就只能停在原地或者毫无目标地游荡着。

　　法国著名时尚 "教母" 香奈儿是时装界甚至整个时尚界的领军人物,但是她的成功却犹如她的成长之路一样曲折坎坷。香奈儿出生在法国的一个贫穷家庭,在她十二岁的时候,母亲因为患上肺结核而离开人世,父亲也抛弃了她和她的兄妹们。幼年的香奈儿几乎是在修女院长大的,她在修女院学到了一手精巧的针线技巧。

　　二十岁的时候她走出了修女院的大门,踏入了社会。掌握针线技巧的香奈儿很快进入了一家裁缝店工作, 在那里她接触到了花花绿绿的布料和服装,当她拿起剪刀和针线的时候,仿佛浑身上下充满了力量,她的大脑会突然迸发出天马行空的设计。为了设计,她在裁缝店总是工作到很晚,甚至觉得有些离不开针线和剪刀了,她好像得到了从未有过的潜能量, 于是她更加清晰地意识到了自己要成为一位出色的服装设计师,并把这种潜意识转化成了自己终生的奋斗目标。

1910年，香奈儿开了一家属于自己的帽子店，她开始醉心于各种各样的帽子的设计和制作，当然也没有放弃在时装方面的奋斗。她设计的独特新颖的帽子吸引了众多上流社会的名媛们，她们都以佩戴香奈儿的帽子为荣。凭借着自己的不断追求，她终于把目标定在了高级时装定制上。

1914年，香奈儿正式开设了两家时装店，由此以她名字命名的香奈儿时装品牌也正式诞生，而这个品牌最终发展为时尚界的一个顶级品牌。

从香奈儿的故事中可以看出，是她潜意识中的神秘力量成就了她。她强有力地操控了这种潜能量，并且将自己潜意识中对服装的钟爱转化成为了自己终生奋斗的目标，而有了这样清晰的指令和目标，她的潜能量也随之越来越强大，成功自然就离她越来越近。

很多人心中都有"一闪而过"的念头，但是仅仅是"一闪而过"，从来不会实现。不是没有意念，而是意念过于飘忽和朦胧，连自己都把握不住，又怎么去肯定它呢？

看几个年轻人的心声：

"出来工作几年了，到现在还是在站柜台，工作和工资跟刚出来工作的时候一样。苦苦干了一个月，每个月才一千多点，逛商场都不敢，怕看到喜欢的衣服，真的好可悲。又到年底了，真的好想改变，可是，我真不知道明年该怎么办。"

"我现在好像在一个温柔的陷阱里工作生活，失去了前进的方向。天天上班、下班，每天都只是重复，很无聊。想做些事情来充实自己，却不知道做什么。我该怎么办？明年怎么办？唉！"

"待业半年多了，一分钱没挣，自己租房子在外面活着，花了爸妈快2万。虽然家里老爸做生意，养得起我，但人总是要靠自己活的。我今年23了，可我真的很迷茫，真的不知道干什么，没爱好没目标，我现在都不知道活着有什么意思了。有人能帮帮我吗？"

"重复，重复，重复，一天到晚都是重复。上班，吃饭，睡觉，上网，无聊！郁闷！现在我都30了，想想过去这些年，都不知道自己做了些什么，照照镜子看到的就是一点光彩都没有的脸。再这么下去，以后怎么办呀，唉！"

"我辞职两个多月了，一直没找到满意的工作。我想找一份和英语有关的工作，因为觉得会比较有发展前途。但是我虽然通过了英语六级，但口语和听力都很弱，我该怎么选择我的职业规划？确定了职业规划之后要怎么去努力？我现在真的是走投无路了，觉得人生好像没什么意义了，谢谢好心人能够给我一些意见！"

……

这几个年轻人的心声，说出了很多人的苦恼和困境。他们之所以如此苦恼，并不是因为自身能力真的很差，只是意念不够清晰，以至于徘徊在人生的十字路口。

森林里面有很多树，每个人都在森林的四周，都有自己的砍刀、斧头、电锯之类的伐木工具，可以选一棵砍倒并扛回家。

这些树里面，有你很喜欢的，有你不喜欢的；有你的刀砍得动的，有需要大斧头才能砍倒的；有你能够扛得动的，有你扛不动的；有距离你家里很近的，有距离你家很远的……你应该选择自己喜欢的、手里的刀能够砍得动的，还要自己扛得动、离自己的家里不远的那棵，不能选择自己不需要的，也不能选择自己很不喜欢的；不能选择自己的刀砍不动的，也不能选择三两下就砍倒的；不能选择自己扛不起来的，也不能选择自己扛起来轻飘飘的；还不能选择离自己家里太遥远的。

同样，确定自己的目标，也像选一条路。

虽然条条大路通罗马，但有翅膀的应该选择空中的路，而不是地上的路；没有翅膀，但是有轮子的，应该选择平坦的路，不是坑坑洼洼的路；既没有翅膀也没有轮子的，就要选择距离近的路，哪怕有点小坑……你需要对自己有充分的了解，对可能的成功道路有充分的认识，扬长避短，选择适合自己的目标。

充分了解自己，要倾听自己内心的声音。清清楚楚地明白，自己希望拥有什么样的人生。是走自主创业之路，还是走就业发展之路；是在专业技术领域追求成功，还是在事务性的工作领域追求成功；是追求稳定安全的生活，还是不断冒险和创新……同时，要认真思考、反省，咨询亲朋好友、老师同学的意见，对自己拥有什么资源，有什么强项、有什么弱项，适合做什么、不适合做什么，有客观的认识。还要对社会现状和发展趋势进行分析，弄清楚在今天和未来，什么领域成功的机会更多，以什么方式更容易成功，自己最重要的难关是什么。

把这些事情认真做好了，应该瞄准什么目标、向什么方向努力，意念就渐渐地清晰了。再经过细心认真地记录和整理，自己的目标就能明确了。

这样确定的目标，也许不完美，至少是可行的，不是自欺欺人，不是给自己画一个空中楼阁，不会让自己走上一条不适合自己的路、追求一个不合适的目标。

阿诺·施瓦辛格，一生朝着自己的目标不断前进的强者。他的目标虽然很大，其实都是通过一段时间的努力能够实现的目标，不是看得见摸不着的水中月亮。

他没有一开始就想进入政坛、成为政治人物，或进入影坛当明星。他的目标，首先是成为健美明星。而这个目标最重要的是个人有兴趣，掌握健美运动的专业知识。还要能吃苦，能够坚持不懈地承担辛苦的大运动量训练，经常参加健美比赛。这一切，不需要外界的资源和特别关照，也不需要特殊的天赋，就是靠自己。只要喜欢这项运动，有足够的毅力，坚持不懈地练下去，积累到一定的时间，就能有出色的表现，就能实现这个目标。

当他成功地在健美运动领域成为健美明星后，有了名气，进军影坛就有了良好的基础，就能有适当的机会。此时，他觉得只要自己多努力，就可能在一段时间之后成为大明星。再以后，他有了灿烂的光芒和良好的声誉，进军政坛就容易多了。

假如他一开始就把目标定在成为政坛风云人物，或是想首先进军影坛当明星,都比较困难。因为这样的机会更难得到,竞争的人更多,需要更多更强大的资源。

因此,我们在人生任何一个阶段,都应该有这个阶段的清晰意念,假如意念不够坚定和清晰,那么潜在的能量就不足以将这种潜意识转化为理想目标,所以就很难实现这种目标。

弗洛伊德说:"你必须要让你的潜意识确切地知道你想要什么,必须要引导它给你提供一种实现目标的力量。"

具体来说,我们应该这么做:

(1)制定目标

分析自己的性格、所处环境的优势和劣势、职场中可能遇到的机遇与威胁,制订一份详细的执行计划。

(2)长期和短期的目标

根据你的实际情况,在长期目标的基础上,你可以制定短期目标来一步步实现。

(3)找出阻碍

确切地说,写下阻碍你达到目标的缺点与不足。这些缺点一定是和你的目标有联系的,而不是分析自己所有的缺点。它们可能是你的素质方面、知识方面、能力方面、创造力方面、财力方面或是行为习惯方面的不足。当你发现自己的不足时,就下决心改正它,这能使你不断进步。

(4)提升计划

在实现目标的过程中,你可能会需要掌握某些新的技能,提高某些技能或学习新的知识。

(5)寻求帮助

有外力的协助和监督会帮你更有效地完成这一步骤。

我们做任何事情都要有明确的目标,并有达到目标的计划。例如早上开始工作时,如果不确定当天的工作计划,就很容易像无头苍蝇一样,不知道自己将要飞往何处,把时间浪费在不该做的事情上。有目标才能减少干扰,把自己的精力放在最重要的事情上,快速而有效地解决问题。

3.学会用意念和潜意识"对话"

当我们拥有了清晰的、肯定的意念后，就要用这个意念与潜意识进行良好的沟通，挖掘出潜在的超能力。

著名的潜意识大师约瑟夫·墨菲向人们推荐了几种沟通方法。

第一，审问法。我们通过看电影或者通过其他媒介都能获悉警察对犯人进行的审问，其实就是一场严肃紧张的心理博弈战。在这个环节中，警察会用各种方法与罪犯进行沟通，为的就是能够让罪犯说出内心隐藏的秘密和真相。其实，这和我们与自身潜意识的沟通存在着很多的相同点。潜意识是那些隐藏在我们内心深处且不被人们注意到的东西，而那超强的潜能量更是让我们摸不着头脑。所以，有时候我们需要像警察一样，学会利用审问法让潜意识迸发出来。

心理学家告诉我们，潜意识天生就具有隐藏性，所以它不会很轻易地就向你敞开心扉，而且有时候它还会欺骗你，给你一些假象。

审问法是我们与潜意识进行沟通的首要方法，也是第一选择。通俗地来讲，这可以说是在心理上进行的一种"掂量"，这是一种心理上的自我与超我的博弈。

比如，你走在上班的路上，突然发现自己的鞋子与套装非常不相称，你内心为这双鞋子感到很苦恼，这时候你的脑海中出现了两种选择：一是回家换双鞋子；二是在路边的鞋店里买一双。如果选择第一种，这时候已经距离上班时间只有十分钟，而回家的路程远远大于十分钟。但是如果选择第二种方式的话，虽然很方便，但是要花费很多钱，是否值得这样做也是一个值得思考的问题。这时候，你的潜意识认为你需要一双合适的鞋子，因为你想要穿着体面地去上班，但是现实的意识是考虑到上班时间和买新鞋子的花销，所以这两者就产生了纠纷和争执。

其实这时候潜意识不会直接告诉你答案，你必须反复地进行审问才能让潜意识有所回应。当你反复地在内心中进行审问的时候,潜意识才会帮你想到一种更适合你的方法及其理由。

然而,如果没有内在的反复审问和重复命令的过程,你可能会不知所措。所以,审问的方式是与潜意识进行沟通的首要选择和重要方法。

第二,催眠法。催眠法是世界上众多知名催眠大师和心理专家用来帮助人们解决心理问题和一些疑难问题的重要方法,它也是与潜意识沟通的一种特殊且重要的方式。

催眠方法能够直接打开横跨在我们与潜意识之间的那道大门,让我们进入潜意识这个强大的空间,而这对挖掘其内在的能够操纵我们命运的潜能量非常有帮助。因为在这样的催眠过程中,我们能够直接与潜意识进行沟通,并且可以与潜意识进行对话,向潜意识传达一些我们的特殊指令。

世界著名的催眠大师米尔顿·艾瑞克森曾经这样说:"催眠其实就是在意识与潜意识之间搭起一座桥梁,以此来帮助和引导人们整合潜意识和意识,达成两者之间的亲密沟通和合作关系。"

人们可以通过催眠让自己打开自己的潜意识,并且与之进行一次深刻的对话和沟通,从中发现自我的真实需求和想法,激发内心的潜能量,从而让你产生一种不可抗拒的力量。在催眠之后,你也许会很快忘记催眠状态中的自我意识,但是此时你脑海中已经形成了一种强烈的潜意识,而这是被催眠唤起和沟通引导出来的,所以此时挖掘你的潜能力也就比较容易。

第三,感知法。潜意识的力量不仅非常神秘,而且非常难以进入和沟通。有时候我们越是严肃紧张地想要与潜意识沟通就越是难以达到这种效果,所以心理专家建议人们可以采取一些放松的方式。当然,很少有人能够轻易唤醒潜意识,这就需要我们借助一些辅助工具来完成与潜意识的沟通。比如听音乐,这是最常用也是最有效的感知方法。

心理学家建议:当你开始想要与潜意识进行沟通的时候,可以光着脚站在地毯上,然后闭上眼睛,聆听轻柔一些的音乐,自然地放松呼吸,这样不仅能够让我们的身体得以放松，也有助于我们沉淀自己的内心。在音乐的引导下，我们的大脑很快就会一片空白，而随着音乐的指导和感知，我们可以快速进入自己的内心世界。心理学家研究发现，大多数的实验人员在最后都会感受到来自大自然的亲切力量，而且内心会变得非常轻松和愉悦，身心达到了一个非常平衡的状态。

可以说，只有安静下来，我们才能与内心进行真正的沟通。而当真正的沟通开始之后，你就会聆听到自己内心的声音。如此一来，就非常容易打开潜意识的盒子，让潜意识处在一个自由的状态之中。这时候潜意识就会告诉你，你内心的真实想法是什么，也会告诉你该怎样做，而你内在的潜能量也会被挖掘出来，由此你就能够拥有可以操控自己命运的潜意识力量。

这是与潜意识沟通的三种最常用的方法，还需要注意几点：

首先，潜意识在一般情况下往往会听命于那些有很强的独立性、有自己想法，并且善于运用自己的方式去思考问题的人，这种人的潜意识会被运用得很好，他们会不断地提高自我，激发潜能。而那些永远都只是在嘴上喊着"怀疑自己"、"不自信"、"不能……"的人是不可能将潜能量激发出来的，同样那些停留在失败中不能自拔的人也不可能得到正确潜意识的眷顾。只有正视自己的缺点和不足，并且放下内心的怀疑和一系列的"不能"，一个人才能不断地提升自我，并且激发出生命的潜能。

而要想与潜意识进行沟通，挖掘出其内在的强大力量，首先就需要我们肯定它。我们要想象我们想要实现的事情和需要的东西正在被我们所拥有，并且我们有足够的能力去操控它。心理专家认为，潜意识只是会根据一个人的实际能力来发挥其巨大的作用，潜意识中的力量也是有限的，并不是你想怎样，它就能全部满足你。

其次，必须以成功的意象与潜意识进行沟通。我们要在内心中感受到已经通过潜意识获得了相应的成功，比如，我们已经得到了我们渴望的那份工作或者完成了我们想要完成的事情。

最后一个重要的环节就是当潜意识帮助我们实现目标和解决困难的时候，我们要学会耐心等待，而不应该产生骄纵的情绪和不满足的情感，需要对我们的潜意识抱有很大的希望和意念，只有这样我们才能成功。

用意念挖掘潜能

由于潜意识是非不分，不论积极消极还是好的坏的统统吸收，而且常常跳过意识直接支配人的行为，或者直接形成人的各种心态。所以，潜意识往往很影响成败。

基于这些原因，我们要训练自己，用意念努力开发利用积极的潜意识，使之发挥积极效应，吸引积极因素，并对可能导致失败的消极的潜意识加以严格控制。

1.四个角度，用意念促使潜能开发应用

促使潜能开发应用的方法途径有许许多多，但从意念角度而言，主要有四个方面，即"诱、逼、练、学"。

"诱"就是引导

寻求更大领域、更高层次的发展，是人生命意识里的根本需要。因此，具有主体自觉意识的自我，有理性的自我，是绝不愿意停留在任何狭小的、有限的状态之中的，而总是要想不断开拓以取得更多的发展，从而更好地生存。这种炽热的、旺盛的发展需要，是潜能蓄势待发的前兆。只要对这种意识给予有益的暗示、引发、规划和培育，就能让潜能很好地动起来，释放出来——通过"自我设计"和"自我实现"。

自我设计，就是根据社会的客观条件，自我的实际特质等多因素设计出自我潜能理想的实现方式，以便使自我得到最充分、最理想、最自由、最好的发展。

自我实现就是根据自我设计的道路，经过努力奋斗，把潜能完全发挥出来，实现自己的理想设计，使自己成为最理想的人。

就自我本身而言，自我设计是十分必要的。没有自我设计，就缺乏主体自我意识的表现，其整个实践活动将是盲目的，因而不可能有好的效果。自我设计是自我实现的基础，亦即是成功的基础，是自我实现的指导方针。自我实现则是自我设计的结果，对自我设计的验证、修正和实现。

从整个人生看，成功就是自我实现。人生终极目标的实现，就是最大的自我实现和创新。从人生阶层看达成每一个目标，都是一次自我实现，一次创新，一次成功。人是在一次次的自我实现中最终实现自我的。

成功的渴望与生俱来，自我实现的意向人人都有，因而在从事各行各业的人中，都能见到因发挥出巨大潜能而自我实现的例子，但大多数人没有把潜能充分发挥出来，没有使自己得到更大的发展。

因为，自我实现的需要是最高层次的，同时受文化环境的限制及童年环境的不利影响，因而最易受阻，阻碍最多；多数人惧怕自我实现所需要的对自己本身的认识，易放弃天赋的潜质进入到不确定的状态。

所谓"惧怕自我实现所需要的对自己本身的认识"，即由于心态消极而关闭自己，不敢面对现实，认识自己，从而没有（或不懂得）作自我设计——这又说明了"心态"和"目标"对成功的重要性。

请注意，我们鼓励自我设计和自我实现，并不是说要与社会、与他人相隔离而修炼成仙。恰恰相反，真正的自我设计，必须建立在社会环境的基础之上，真正的自我实现者，是在与社会和他人的和谐共处中才得以实现自我的。因此，自我实现本身必然伴随着人格的健全和完善。同时，成功者对社会的贡献，远远大于非成功者。因为他们的情感体验更为开阔、更为自发，因而也更有创造性、更有爱心。

"逼"就是逼迫

当我们邂逅一位曾经山重水复而后又柳暗花明的友人时，一番唏嘘，一阵叹息之后，往往都会问：

"这些年，真不容易，你是怎么活出来的？"

"人都是逼出来的。"那位历尽沧桑的老友会这样平淡地回答。

当我们的同事在意想不到的时间内完成了意想不到的业绩时，我们会充满敬意又略带醋意地搭讪：

"真想不到……怎么就给弄出来了？"

"还不都是逼的。"

"都是逼出来的"，这样的话在生活中听到的次数实在是太多太多，可是又有谁想过，这平平淡淡的几个字，竟包含了多少感人的故事和成功的真谛！

"逼出来的"究竟是什么东西？是人的潜能，是人的创造力，是创新，是发展。"猴子"变成了人，何等神奇，还不是大自然"逼"的吗？日常生活中，人在一"逼"之下而发挥出超常智能和动能的事例不胜枚举。

"但使龙城飞将在，不教胡马度阴山"的中国汉代飞将军李广，以善射闻名。据史书记载，有一天李广出去打猎，惊见草里有一只"虎"，情急之下应手放了一箭。过去一看，原来是块大石头，而箭头竟然没入石中。接着他又试射了几次，箭都是碰石而落。

新纪录都是在比赛中创造的，而且竞争越激烈，成绩往往越好。

我们上学的时候，都有这样的体会，临考试前，学习效率是最高的。人是一个复杂的矛盾体，既有求发展的需要，又有安于现状、得过且过的惰性。能够卧薪尝胆、自我警醒的人少之又少，更多的人需要的是鞭策和当头棒喝式的促动，而"逼"就是"最自然"的好办法。人们常说的"压力就是动力"，就是这个意思。

因此，被逼不要"无奈"，被逼是福。要么是被"看得起"委以重托，要么是有好运气，否则不会"逼"到你的头上来。你有了，别人就失去了。

被逼,心态就会改变;被逼,就会有明确的目标;被逼,就会分清轻重缓急,抓紧时间;被逼,就会马上行动。不寻求突破,不创新,就休想跨过这道坎,于是潜能在一逼之下因迅速集聚而爆发,如核聚变。

目标达成了,"被逼"的状态解除了,人发展了。

不仅不要怕"逼",而且还应该主动"逼"。自己跟自己过不去,自己逼自己,使自我经常处在一个积极进取、创新求变的良好的紧张状态,使潜能时常处在激发状态。除了在日常工作学习中要有这样的心态,另外就是要订立较高的目标来"逼"自己,来提升自己。

说到全世界最爱"自找麻烦"的人,年过半百的美国妇女卡罗琳·赫巴德算得上一个。这位和蔼可亲的美国大婶一方面是一位物理学家的妻子和4个孩子的母亲,另一方面又是随时准备到世界各地抢险救灾、拯救生命的勇士。她是"美国救灾行动队"的创建者和领导人。这一组织的宗旨就是搜寻和营救,无论国内或国外,哪里有灾难,就到哪里去。

1988年12月,亚美尼亚发生大地震,死亡人数超过5万,大楼、住宅、工厂、学校倒塌无数。赫巴德闻讯后几小时便登上飞往亚美尼亚的飞机。她和其他营救队员在零度以下的严寒中,在覆盖几英里的废墟中摸爬了8天,尽可能多地搜寻出还有希望救活的人……

卡罗琳·赫巴德参加的营救活动不计其数。她曾到过地震后的萨尔瓦多和菲律宾,去过巴拿马的密林中搜寻生存者,在纽约和田纳西州寻找因桥梁折断而受难的人,到过遭飓风袭击后的南卡罗来纳州,到过飞机、火车失事现场和火灾水灾现场,搜寻救援过丢失的孩子、失踪的猎人和溺水者。

人们无不为她抢险救人、见义勇为的事迹和舍己为人的精神所感动。

当谈到20年来的收获和体会时,她说:"我喜欢遇到紧急情况时产生的那种紧张感,那种兴奋感。当意识到自己正在做一件有价值的事情时,我会感到一种满意、一种自豪。在受灾现场,你能看到人类本性最好的一面,也能看到人类本性最坏的一面。而且我也曾处于某种危难境地之中,最重要的是我学会了品尝生活,活出了新意。"

逼自己,就是战胜自己,必须比自己的过去更新;逼自己,就是超越竞争,必须比别人更新。别人想不到,我要想到;别人不敢想,我敢想;别人不敢做,我来做;别人认为做不到,我一定要做到。潜能的力量,真的非常大!

逼自己,一方面要勇于接受挑战,把自己丢进新条件、新情况、新问题中,逼到走投无路,才会想方设法,破釜沉舟,才会背水一战,兵法说"置之死地而后生";另一方面,要用"自律"来逼,用目标管理、时间管理来逼,用行动结果来逼,以创新之心逼出创新的行为,得到创新的结果。创新是潜能发挥之始,亦是潜能发挥之终。生命力是从压力中体现出来的。生命力就是创新能力,就是创造力,就是人的潜能,也就是竞争力,人的潜能越开发、越使用,就越多越强。

"练"就是练习

历史上许多伟大的人物诸如富兰克林、贝多芬、达·芬奇、爱因斯坦、伽利略、罗素、萧伯纳、丘吉尔以及许多其他巨人,大多是敢于探索未知的先驱者。其实他们在许多方面与普通的人一样平常,唯一区别只不过是他们敢于走常人不敢走的路罢了。另一位文艺复兴式人物施魏策尔曾经说过:"人类的一切都不会使我感到陌生。"如果你充分相信自己有能力进行任何活动,那么,你实际上就能获得成功。一旦你敢于探索那些陌生的领域,便有可能切实体验到人世间的种种乐趣。想想那些被称为"天才"的人,那些在生活中颇有作为的成功者,他们并非仅仅是某方面的专家。

事实上,他们也是从不试图回避困难的人。人们只有用新的眼光重新审视自己,打开心灵的窗户,进行那些自己一向认为力所不能及的活动。否则,只会以同样而固定的方式重复进行同样的活动,直到生命终结。而伟人之所以伟大,往往体现在其探索的品质以及探索未知的勇气上。

要积极尝试新事物,就必须摒弃一些会对自己个性构成压抑的观点：改变现状不如苟且偷安，因为改变将带来许多不稳定的未知因素；或认为自己非常脆弱，经不起摔打，如果涉足于完全陌生的领域，会碰得头破血流等。

这显然是荒谬的观点。如果改变生活中单调的常规因素，你会感觉到精神愉悦和充实；相反，厌倦生活则会削弱意志并产生消极的心理影响。一旦失去了对生活的兴趣，就可能导致精神崩溃。然而，如果在生活中努力探索未知，持坚定必胜的信念，你的心理一定会更加健康而强大。

此外，人们还常常抱有这样一种心理意识："这件事非比寻常，我还是躲远些好。"这种心理状态使人不能面对挑战，不能积极尝试新的经历，也必须坚决摒除。

"做任何事情一定要有某种理由，否则做它又有什么意义呢？"这也是许多人不能尝试未知的一种习惯心理。其实只要你愿意，便可以去做任何事情，而不必一定要有理由。没有必要为自己所做的每一件事寻找理由。当你还是个孩子时，逗蚂蚱玩上一个小时，其理由只不过是你喜欢逗蚂蚱玩。可当你成为大人时，你却不得不为做每件事找一个充分的理由。这种对理由的"热衷"阻碍了个性的成长发展，长期克制和压抑个性，使潜能无法得以发挥。

因此，在一定程度上，你可以想做什么就做什么，其原因只不过是你愿意这样做，这种思维方式将为你拓展生活的新天地，并勇敢地进入创新的领域。

"学"就是学习

学习绝对是增加潜能基本储量及促使潜能发挥的最佳方法。知识丰富必然联想丰富，而智力水平正是取决于神经元之间信息联结的面和信息量。

在当今时代，信息就如同古代帝王的权杖，能掌握特别知识的人就可扭转人生，进而改造全世界。

在美国，有一位年轻富有、健康幸福、事业成功的人，他的足迹遍及世界各地,接触的对象有总统,也有病患者,涵盖社会各个阶层。他脸上总是洋溢着笑容,与他的爱妻如胶似漆。繁忙的工作结束后,夫妇俩就飞回位于加州圣地亚哥的家,那是一座可以俯瞰太平洋的别墅。盘桓数日,与家人共享天伦。

这位年轻人才25岁,只有高中学历,他是怎么在这等年纪就有如此的成就?何况,就在三年前他还一贫如洗,住在一间只有10平方米大的单身公寓里,房子小得连洗碗盘都得在浴缸中。那时的他意志消沉,身材痴肥,穷困潦倒,可说是前途暗淡。如今广受瞩目,身体健壮,交游广阔,前途璀灿。他怎么会有如此悬殊的转变?

这一切不是天方夜谭,这个年轻人就是世界闻名的潜能激发大师安东尼·罗宾。

安东尼·罗宾之所以如此迅速地使美梦成真,并不是上天对他特别厚爱。

事实上,在今天这个时代人人都有可能一鸣惊人,拥有以往所未曾想到的成就。譬如苹果牌电脑创始人史蒂夫·乔布斯,在他还是个穿着牛仔裤,一文不名的孩子时,就抱着用电脑的信念,终于创立了一家排名《财富》杂志五百大之一的企业,其成长之速,无人可及。再如特德·特纳,他把毫不起眼的媒体——有线电视——发展成一个庞大的帝国。还有大制片家史蒂文·斯皮尔伯格、艾美奖超级歌手布鲁斯·斯普林斯汀,以及反败为胜的克莱斯勒汽车公司总经理李·艾柯卡。请问,他们除了脍炙人口的成就以外,还有什么相同的特质呢?

只有一个答案,那就是与众不同的能力。

能力是一个引人争议的字眼,各人看法不一。罗宾认为,最伟大的能力除了能实现自己的愿望外,还要能造福社会。翻开历史,掌握人类的能力一直以不同且对立的面貌呈现。

早期能力指的就是体力,最健壮敏捷的人便可指挥族人。有了文明之后,能力就成为权力,来自于继承,由王公贵族所持有,不容他人分享。及至工业革命的初期,能力化为财力,资本家主宰了工业的走向。今天以上三种能力仍然影响人类的活动，不过其中又兴起了一种最具威力的能力，那就是专业的知识。

我们大多数人都知道，今天是信息时代。新的想法、动向和观念每日影响着周围的一切，不论是深奥的量子物理学还是大众口中的汉堡包。如果要形容这个时代的特色，那就是信息的充斥泛滥。从报章杂志、电影电视，乃至于电脑，新的信息如狂风暴雨袭来，逼得我们必须终日去看、去听、去想，因此造成在这个社会里拥有信息且能善用的人，便拥有古代帝王所执掌的无上权力。正如社会学家肯尼思所说的："工业社会的动力是金钱，但在信息社会却是知识，人们将会看到一个拥有信息且不为无知所挟的新阶层的出现，他们的能力不是来自金钱，不是来自土地，而是来自知识。"

令我们庆幸的是我们不是生活在古代，若非王公贵族就绝无可能拥有权力；我们也庆幸不是生在工业革命之初，若非生在豪门富邸，便无聚财之力。但在今日，掌握知识力量的机会有可能在每个人的手中，任何一位身穿牛仔裤的孩子都有可能创立一家影响世界的大公司。所以说，在当今时代，信息就如同古时代帝王的权杖，能掌握特别知识的人就可以扭转人生，进而改造全世界。

2.不成功是因为意念不够坚定——面对质疑，自己的路要自己走

美国文明之父——爱默生有句名言："靠自己成功。"这句话影响了每一代美国人，那些原来从英国统治下独立的殖民地国家的人民也在典型的美国个人英雄主义影响下，迅速把这个国家建设成为当今世界上的超级强国。企业家克拉克也给过年轻人忠告：不要凡事都要依靠别人，在这个世上，最能让你依靠的人是你自己。在大多数情况下，能拯救你的人，也只能是你自己。

很多人之所以不成功，是因为他们的意念力不够坚定。下面这个小

故事可以让你找到原因。

一次聚会上，几个老同学在闲聊，一位事业上颇有成就的朋友，闲聊中谈起了命运。其中一个同学问："这个世界到底有没有命运？"事业有成的那位说："当然有啊。"同学再问："命运究竟是怎么回事？既然命中注定，那奋斗又有什么用？"

他没有直接回答同学的问题，但笑着抓起同学的左手，说要先看看他的手相，帮他算算命，然后讲了一些生命线、爱情线、事业线等诸如此类的话之后，突然，他对那位同学说："把手伸好，照我的样子做一个动作。"

他的动作就是：举起左手，慢慢地且越来越紧地握起拳头。末了，他问："握紧了没有？"老同学有些迷惑，答道："握紧啦。"他又问："那些命运线在哪里？"老同学机械地回答："在我的手里呀。"他再追问："请问，命运在哪里？"

那位同学如当头棒喝，恍然大悟：命运在自己的手里！这位朋友很平静地继续道："不管别人怎么跟你说，不管'算命先生'们如何给你算，记住，命运在自己的手里，而不是在别人的嘴里！这就是命运。"

当然，你再看看你自己的拳头，你还会发现你的生命线有一部分还留在外面，没有被握住，它又能给我们什么启示？命运绝大部分掌握在自己手里，但还有一部分掌握在"上天"手里。古往今来，凡成大业者，奋斗的意义就在于用其一生的努力去争取。但是如果你不靠自己去争取，你连这一点的机会都是没有的。

1900年7月，在浩渺无边的大西洋上，海风怒吼，巨浪滔天，暴风雨中，一叶小舟一会儿冲上浪尖，一会儿跌入波谷，恶劣的天气和狂风巨浪似乎要将它撕个粉碎。驾驶这叶小舟的年轻人是一位德国的医学博士，名叫林德曼。大海无情，曾经吞噬过无数鲜活的生命。为什么他要孤身一人进行这危险的航行？为什么还要选择这样恶劣的天气？

林德曼在德国从事的是精神病学研究，出于对这份职业的执著，他正在以自己的生命为赌注，进行着一项亘古未有的心理学实验。

　　林德曼博士在医疗实践中发现,许多人之所以成为精神病患者,主要是因为他们感情脆弱,缺乏坚强的意志,心理承受能力差,经受不住失败和困难的考验,关键时刻失去了对自己的信心。有些看上去体格非常健壮的人,后来却因为承受不住心理的压力而精神崩溃。林德曼认为:一个人保持身心健康的关键,是要永远自信!

　　当时,德国举国上下正在掀起一场独舟横渡大西洋的探险热潮,全国先后有100多位勇士驾舟横渡大西洋,但结果均遭失败,无一生还。消息传来,舆论界一片哗然,认为这项活动纯属冒险,它超过了人体承受能力的极限,是极其残酷的"自杀"行为。

　　林德曼却不这么认为。经过对这些勇士遇难情况的认真分析,他认为这些遇难的人首先不是从肉体上败下阵来的,而主要是死于精神上的崩溃,死于恐怖和绝望。

　　林德曼的观点遭到了舆论的质疑:探险勇士难道还不够自信?为了验证自己的观点,林德曼不顾亲人和朋友的坚决反对,决定亲自作一次横渡大西洋的试验。

　　在航行中,林德曼遇到了许多难以想象的困难。在漫漫的航程中,孤独、寂寞、疾病,体力的消耗,精力的消耗,都在消蚀着他的意志。特别是在航行最后的18天中,遇上了强大的季风,小船的杆折断了,船舷被海浪打裂了,船舱进水了。林德曼必须把舵把紧紧地捆在腰上,腾出手来拼命地往外舀船舱里的水。

　　在和滔天巨浪搏斗的整整三天三夜中,他没有吃一粒米,没有合一下眼。多少次他感到坚持不住了,感到自己不行了,有时眼前甚至出现了幻觉,准备放弃了,但每当这个时候,他就狠狠地掐自己的胳膊,直到感觉到疼痛,然后激励自己:"林德曼,你不是懦夫,你不会葬身大海,你一定会成功的!再坚持一天,就是胜利的彼岸。"

　　"我一定会成功!"林德曼的心中反复地呼喊着这几个字。生的希望支持着林德曼,最后他终于成功了。

　　"100多人都失败了,我为什么能成功呢?"他说,"我一直自信自己一定能成功。即使在最困难的时候，我也以此自励！这个信念已经和我身体的每一个细胞融为一体。"

林德曼的故事告诉我们，不管面对什么样的质疑，不论在什么样的困境中，唯一能拯救你的是你自己，你自己的信心；唯一能打垮你的也是你自己，你自己的灰心。

所以，走自己的路，让别人说去吧。

如果你听说过或者看过《英国达人》这个节目，那么你对"苏珊大妈"这个名字绝对不会陌生——

当苏珊站在《英国达人》舞台上时显得有些紧张，她从来没有参加过如此隆重的节目。这位体态肥胖、长相平平的妇人一上台，台下便传来一阵哄笑，包括评委在内，所有观众对于这个妇人都缺乏最基本的尊重。苏珊有些口吃，在回答评委们问话的时候含糊不清，评委们那些不怀好意的问话，似乎也是在有意让她出丑。当苏珊说自己的梦想是成为伊莲·佩姬那样的人时，台下再次哄堂大笑，这位长相丑陋的山野妇人如何同那位著名的歌唱家相比？

当音乐响起，苏珊大妈忘我地唱了起来，丝毫没有受到刚才观众们的影响。台下一下子变得安静起来，苏珊那天籁般的声音让他们震惊，他们深深为之折服。所有的观众都凝神屏息，享受着音乐时刻。当她一曲《I Dreamed a Dream》唱毕，全场响起了热烈的掌声与欢呼声，这次大家是为她的精彩表演而喝彩！一向苛刻的评委摩根，也称赞她是他在三年选秀节目中见到的最大的惊喜。苏珊成功了，她的歌声在世界范围内回荡，伊莲·佩姬也热情地与她会面，并同她合作演出，苏珊终于成为了跟自己偶像一样的歌星。

苏珊大妈的名字叫做苏珊·波伊儿，她从小生活在英国一个无名的小山村。由于有学习障碍的问题，她不能很好地完成学业，也没有爱情光顾过她。当她的妈妈死后，她只能和一些小猫小狗等动物在一起，过着孤独的生活。

然而苏珊从小就有一个梦想，她想唱歌，梦想着成为伊莲·佩姬那样的歌星。她的生活很孤独,她的生活缺乏保障,这些都没有浇灭苏珊心中的梦想。她加入了教堂的唱诗班,成为其中的一员,多年来一直坚持唱歌,直到她被全世界人所知晓。

苏珊取得成功时,已经47岁。在许多人看来,她早应该过了"做梦"的年纪,而苏珊的成功正是源于她坚持了自己的目标。如果她没有想成为伊莲·佩姬那样歌手的目标,没有几十年如一日的坚持,没有为此付出无数的努力,那么她真的会在那个默默无名的山村中度过一生,直至死去也不会有多少人认识她。对目标轻易言弃,不付出努力,那么目标只能是个空想。只有坚持到底、不懈努力,才能让目标成为现实。

每个人都有自己的梦想,或大或小。还有的人曾经有过梦想,现在却已经把它忘掉了,丢在了满是尘埃的记忆深处。试想一下,一件事情,假若我们想都没有想过它,那么又如何会去做呢?成就又从何而来呢?梦想的高度往往决定了一个人成就的高低,一个没有目标的人往往会一事无成。

托尔斯泰曾经写下这样的话:要有生活的目标,一辈子的目标,一个时期的目标,一个阶段的目标,一年的目标,一个月的目标,一个星期的目标,一天的目标,一个小时的目标,一分钟的目标。梦想,便是这些目标的雏形,是目标的最佳体现。

梦想的实现需要坚持,只有坚持走自己的路,并为之不懈努力的人,才能真正地取得成功。电灯的发明,让我们在夜晚同样拥有了如白昼般的光芒;电灯的发明,正是爱迪生坚持的结果。他从二十多岁便开始研究电灯,先后尝试了用各种材料做灯丝,灯泡的照明时间也随着他的努力不断延长,从短短的几分钟到几个小时,到后来几百几千个小时。在历经十余年,尝试了近千种材料之后,他终于找到了最合适的材料——钨丝,让人们从此在夜晚不再害怕黑暗。

当然,在成功的路上,不可能总是一帆风顺,挫折、失败都是在所难免的。如果碰到失败便放弃自己的目标,那么也就放弃了成功的可能。当一个人习惯了被消极的精神所支配,那么他所收获的终归是失败。成功人士的与众不同之处便在于他们遇到挫折，愈挫愈勇，用积极的心态面对未来，更加努力地朝着目标努力，坚持不懈，而梦想也终会在某一天实现。

在生命的旅程中，我们难免会陷入各种危机中，而要摆脱这些危机，不要老想着依靠别人，要学会靠自己拯救自己。

有一天，某个农夫的一头驴子不小心掉进一口枯井里，农夫绞尽脑汁想办法救出驴子，但几个小时过去了，驴子还在井里痛苦地哀嚎着。最后，这位农夫决定放弃，他想这头驴子年纪大了，不值得大费周折去把它救出来，不过无论如何，这口井还是得填埋起来。

于是农夫便请来左邻右舍帮忙一起将井中的驴子埋了，以免除它的痛苦。农夫的邻居们人手一把铲子，开始将泥土铲进枯井中。

当这头驴子察觉到自己的处境时，刚开始哭得很凄惨。但出人意料的是，一会儿之后驴子就安静下来了。农夫好奇地探头往井底一看，出现在眼前的景象令他大吃一惊：当铲进井里的泥土落在驴子的背上时，驴子的反应令人称奇——它将泥土抖落在一旁，然后站到铲进的泥土堆上面。就这样，驴子将大家铲倒在它身上的泥土全数抖落在井底，然后再站上去。

很快地，这只驴子便得意地上升到井口，然后在众人惊讶的表情中快步地跑开了！

没有人能救得了那头驴子，只有当它放弃悲观与消极，明白只能依靠自己来进行自我拯救的时候，命运才有可能在山穷水尽之际，给它绝处逢生的惊喜。作为高等动物的人类，对于此番自我拯救理论的理解，也不应该逊于动物的求生本能吧？

诚然，人生在世，总要或多或少地依靠来自自身以外的各种帮助——父母的养育、师长的教诲、朋友的关爱、社会的鼓励……可以说，人从呱呱坠地那一刻起，就已开始接受他人给予的种种帮助。然而，许多年轻人"在家靠父母，出门靠朋友"的靠，已经远远超出和大大脱离了一个人需要外部力量帮助这种正常之靠，而演变成"唯父母和朋友是靠"的依赖心理,把自己立身于社会的希望完全寄托在父母和朋友的身上。

信奉"在家靠父母"的人,往往是那些生活上不能自理而饭来张口、衣来伸手,或者事业上不能自立而离不开父母权力、地位和金钱支撑的年轻人。这样的年轻人,显然不可能在生活上自立自强,在事业上有所作为。

我国著名教育家陶行知编的《自立歌》这样说道:滴自己的汗,吃自己的饭。自己的事自己干。靠人靠天靠祖上,不算是好汉!不要总是依赖别人,把一切希望都寄托在别人身上,而要依靠自己解决问题,因为每个人都有许多事要做,别人只可能帮一时却帮不了一世。所以,靠人不如靠自己,最能依靠的人只能是你自己。

如果你想摆脱危机并有所成就,请记住忠告:最能依靠的人是你自己。

在这个世界上,聪明的人并不是很少,而成功的,却总是不多。很多聪明人之所以不能成功,就是因为他在已经具备了不少可以帮助他走向成功的条件时,还在期待能有更多一点成功的捷径展现在他面前;而能成功的人,首先就在于,他从不苛求条件,而是自己为自己创造条件。

3.解剖自己,了解自己——删除生活中的"不可能"

很多人说:"我也想意念清晰,我也想肯定自己。但是,我实在不知道自己身上有什么值得肯定的。"好吧,那么,你先要做的是解剖自己,了解自己。

现在思考这样的问题:

你觉得自己生命中最重要的东西是什么?

你最希望一生取得的成就是什么?

你希望别人对你一生的评价是什么?

在生命的最后一天,你最想做的事是什么?

看看下面的选项,你有几个符合?

自卑

跟朋友出去郊游, 朋友走快了点,你就以为他们在孤立你看不起你。 （　）

朋友开玩笑地提起一件你比较尴尬的事情的时候, 你心里想:"真不给面子啊!" （　）

挑选自己的衣服时你总是询问别人的意见。 （　）

跟一群人在一起走的时候,你会离那些不如你的人比较近。 （　）

你有时候向别人询问些你已经确定了的事情。 （　）

拖延

星期一的早晨,你又为起床感到费劲,你觉得这对你太难了。 （　）

你明知道你染上了一些恶习,例如抽烟,喝酒,而又不愿改掉,你常常跟自己说:"我要是愿意的话,肯定可以戒掉。" （　）

总是制定健身计划, 可你从不付诸行动,"我该跑步了——从下周开始。" （　）

你想做点体力活,如打扫房间,修剪草坪等等,可是你却迟迟没有行动,你总有各种各样的原因不去做,诸如工作繁忙,身体很累等等。 （　）

你的洗衣机里已经塞不下你的脏衣服了。 （　）

没有目标

你有拿笔发呆的习惯。 （　）

你整天泡在网上,却不清楚自己到底对网络上的什么东西感兴趣。

（　）

每个周一,你从来都不会花十分钟去考虑下这周要做什么? 而是有什么事做什么事。 （　）

给你一个十天的长假,你会稀里糊涂地度过。 （　）

你有报告要写,有客户要见,还有个饭局要去。这些事都很急,但你却花了半小时来决定先做什么。 （　）

抱怨不停

今天你的上司找你谈了话,你回到办公室非常不开心,于是拉了个同事开始抱怨领导对你有多么不好。　　　　　　　　　　（　）

回到家,你总是喜欢把今天碰到的烦心事告诉你的每位亲人,而且是不停地说。　　　　　　　　　　　　　　　　　　　（　）

上班第一天,你就洞察办公室里人心叵测,各怀鬼胎,存心给你下马威。　　　　　　　　　　　　　　　　　　　　　（　）

你觉得你的朋友吃得像货车一样多,却丝毫不发胖,而你呢？只要看一眼巧克力就会变胖。　　　　　　　　　　　　　　（　）

回到家你就开始跟家人说"无能"的同事加薪,而你只能等下次了。
　　　　　　　　　　　　　　　　　　　　　　　　　　（　）

你最近在看一本畅销书,但你觉得它写得很一般,封面也难看,价格还贵,买了真是上当。　　　　　　　　　　　　　　（　）

冷漠

你从来没有给老人或者其他需要座位的人让座。　　　　（　）

当你看到身边有不愉快的事情发生,例如打架、抢劫,你视而不见？
　　　　　　　　　　　　　　　　　　　　　　　　　　（　）

你从不关心任何与你无关的事,当别人谈论时事的时候,你便离开。　　　　　　　　　　　　　　　　　　　　　　　　（　）

周末,你总是喜欢让自己独自在家,虽然孤独寂寞,也免得麻烦。（　）

上午上班的时候,你连续沉默了一个小时,不说一句话。　（　）

虚荣

你喜欢谈论有名气的亲戚朋友或以与名人交往为荣。　　（　）

热衷于时髦服装,对于西方的流行货万分倾倒,对于名牌津津乐道。　　　　　　　　　　　　　　　　　　　　　　　　（　）

你喜欢和别人谈论电影、名著和艺术,但其实自己知道的东西也不多,你就为了得到别人的赞许。　　　　　　　　　　　　（　）

你表现自己,尤其想在大庭广众之下露一手,因为这会引起大家对你的重视。 （ ）

经常停留在商店橱窗前,悄悄欣赏自己的身影,欣赏自己照片已成为生活的一部分。 （ ）

自我设限

今天老板让你做某些事,而你感到自己太年轻没经验,力不从心。

（ ）

你经常为自己的相貌感到苦恼,最后你得出这样的结论:我就是长得不漂亮。 （ ）

你现在很痛苦, 因为你在事业上多次失败, 你觉得你肯定不能成功,时常对自己说:"我命中注定就是这样倒霉。" （ ）

昨天, 和朋友逛商场之前, 你跟他说:"我觉得那个商场肯定不能买到好衣服！" （ ）

最近你想追求一个女孩,但是你觉得自己的相貌配不上她。 （ ）

自私

跟同事一起吃饭的时候,你总是假装没带够钱。 （ ）

这一星期你又跟别人争执,甚至你还出言不逊。 （ ）

朋友来你家玩,你害怕他们看到你珍藏多年的东西。 （ ）

跟别人谈话,你会有时打断别人的话,自己侃侃而谈。 （ ）

你反感你的一个朋友或同事,因为他总是想和你借东西。 （ ）

不守承诺

你答应帮朋友一个忙,却给自己找种种借口不去兑现。 （ ）

你的时间观念太差,约了八点,往往八点一刻才到。 （ ）

你答应请朋友去吃饭,却因为别的事或懒惰一拖再拖,而且最可恶的是,你并没有为此作出解释和弥补。 （ ）

苛求完美

你为一个项目做了多个计划,但是你却很难决定用哪个计划。（ ）

你认为没有十足的把握通过一个并不重要的考试,就请病假。（ ）

你一直在寻找你心中理想的配偶，但是，至今你仍然是单身一人。

（　）

你因为鼻子上有一个不用放大镜就看不到的斑点而不敢照镜子，甚至要去整容。

（　）

现在，让我们马上行动！按照下面的顺序，认真完成其中的每一项。

第一步，经常跟自己说"我真棒！"

自卑，就是因为自己不能正确认识自己，看不起自己，不相信自己的力量，总有一种无力感，做什么事情总是自暴自弃，什么都要依赖别人，结果是什么事情都做不好，都做不成。

这种说法一点都不过分，那些终日抽烟、酗酒、娱乐而打发自己时光的人，其中有很多都是由于不相信自己能做成大事，对自己已经失去了信心，导致他们这样白白浪费自己的生命。

有这样一个真实的故事：一个冷酷无情且嗜酒如命的人，在一次酗酒过量之后把酒吧里自己看着不顺眼的服务员给杀了，结果被判终身监禁。他有两个相差一岁的儿子，其中一个因为时常背负着有这样一个老爸的强烈自卑而最终也染上了吸毒和酗酒的恶习，结果他也因为杀人而步入监狱。另一个孩子，他现在已经是一个跨国企业的CEO，并且组建了美满的家庭。

说起来可能有些人不相信，造成这种差距仅仅因为他不把自己有个杀人的父亲当作自卑的负担放在身上，他在做任何事情前不断告诉自己："我有个杀人犯父亲的事实虽然不能改变，但是我可以改变自己，我依然是最出色的！"

所以，你要经常跟自己说"我一定能行"。做事情的时候，你必须总是想着"一定"这个词语，因为本来你就是出色的，并且你会付之于实际行动。这样做，开始时可能会感到不习惯，时间长了，经过几件成功的事之后，你慢慢就会发现"天生我材必有用"，原来自己一直就是最棒的，一直都是最出色的。

第二步，学会从小目标做起。

在你多次碰壁、屡遭挫折之后，你可能觉得自己是个无能的人，因此你感到自卑，做任何事情都会怀疑自己。不要太好高骛远，要确立合适的目标，从小事上做起，一步一步地去干那些自己能干的事，即采用"小步子"的方式来调适自己的心理。

有位马拉松选手，他在很多比赛中都获得过胜利，在接受采访时透露，他的做法很简单，就是把通向终点的道路分成很多个小段，开始跑的时候他先向最近的一个小段终点前进，当到达时他便鼓励一下自己，这样更有信心跑向下一个小段的终点。这样做的好处是他能很容易达到一个个小的终点，持久保持信心，最终到达整个长跑比赛的终点。

你不能没有大目标，你必须有长远的打算，但是，当这些长远的目标制订出来以后，更重要的是多设一些中间目标，一步一步完成，经常用能完成的"中间成就值"来鼓励自己。你得学会在你的强项中获得成功，而成功的经验和积累可以不断地消除你的自卑感，增强你的信心。总之，通过不断的成功会改变"瞧不起自己"的自卑心态，最终你会发现自己找回了久违的自信。

第三步，不要有太强的荣誉感。

你不要有永远无法满足的虚荣心。自卑与自傲看起来距离很大，实际上却是孪生姐妹。一般来说，自卑心理强的人往往有过高的自尊心，他们心理包袱很大，不能轻装前进。在另外一些时候，虚荣心督促你努力奋斗，可是一旦失败，你会比平常还要失望，你的内心所受打击也较之平常要大很多。

你必须明白，这个心理包袱是你自己背上的，是你"自寻烦恼"的结果。正因为如此，我要你丢掉你那颗虚荣的心，把戴在你脸上的面具彻底揭掉。

第四步，忘掉过去所发生的一切。

你要努力从过去的心理创伤中摆脱出来，不要总是责备自己。让我感到难过的是，很多像你一样自卑的人往往是因为沉浸在过去不能自拔。做事之前总会联想到与这件事相似的经历，如果这个经历是痛苦的,你做事的信心会受到严重打击。比如说你想追求一个漂亮女孩,可是过去的失败经验告诉你这对你来说太难了,于是当你面对那位姑娘的时候,你肯定会怀疑自己的能力,你会感到自卑。所以,争取迅速忘掉过去发生的那些负面的东西,对你来说是一件非常重要的事。

当你想到过去不愉快的事情时,要迅速转移目标,要经常用愉快的事情来调节自己。学会改变自己内心的忧愁,这等于铲除自卑产生的土壤。如果你想起了过去不开心的事,那么赶快找点乐子吧,看个喜剧电影或是找朋友打打球,让不开心的事从你身边滚开,这种方法对于时常自卑的人来说非常有效。

第五步,扔掉身心缺陷的包袱。

你绝对不能用有色眼镜看待自己,更不能用有色眼镜看待他人。也许你会说:"我的命运这么凄惨,又能有什么办法呢?"

我们可以看看艾德·罗伯茨的例子,他十四岁时感染小儿麻痹症,颈部以下瘫痪,只能坐在轮椅上,依靠一个呼吸设备维持自己的生命,按照所谓正常的逻辑,艾德肯定会在自卑的痛苦中生活一辈子。

可是,你知道他是怎么做的么?在他二十岁的时候,他终于认识到自怨自艾于事无补,他开始不间断地教育和影响大众,十五年坚持不懈,社会终于注意到了残疾人的权利,如今很多公共设施都设有轮椅走的上下斜道和残疾人专用停车位,商场、超市也设立许多残疾人行动的扶手,这都是艾德的功劳。

你必须知道,社会中绝大部分人都是怀有同情、关心、爱护之心的。要坚信:当你用顽强的毅力获得成果时,社会对你将会更加的尊敬,不必要为一些身体的缺陷而背上瞧不起自己的包袱。

延伸阅读：

以下是改变自己的30个定律

1.苹果定律：如果一堆苹果，有好有坏，你就应该先吃好的，把坏的扔掉，如果你先吃坏的，好的也会变坏，你将永远吃不到好的，人生亦如此。

2.快乐定律：遇事只要你往好处想你就会快乐，如果掉进沟里，你都可以设想说不定刚好有一条鱼钻进你的口袋。

3.幸福定律：如果你不是总在想自己是否是幸福的时候，你就幸福了。

4.错误定律：人人都会有过失，但只有在重复这些过失的时候，你才犯了错误。

5.沉默定律：在争辩的时候，最难辩倒的观点就是沉默。

6.动力定律：动力往往来源于两种原因，希望或绝望。

7.受辱定律：受辱时的唯一办法就是忽视它，不能忽视它，就藐视它，如果连藐视它也不能，你就只有受辱了。

8.愚蠢定律：愚蠢大多数是在手脚或嘴比大脑行动还快的时候产生的。

9.价值定律：当你拥有某一项东西的时候，你就会发现这种东西并不象你原来所想的那样有价值。

10.化妆定律：在化妆上所花的时间有多少，就表示你自认为要掩饰的缺点有多少。

11.省时定律：如果你一开始就想节省时间，结果是反而要多花数倍的时间。

12.承诺定律：承诺未必可以保证一定做到，但是如果你没有做出承诺，就算你做到了也没有价值。

13.地位定律：有人站在山脚下，而有人站在山顶上，虽然所处的位置不一样,在两人眼里的对方却是同样大小。

14.混乱定律:如果你在遇上麻烦时,还是那样谨小慎微,那麻烦就会变成混乱。

15.失败定律:失败并不意味着浪费时间和生命,而往往意味着你有可能更好的拥有时间和生命。

16.谈话定律:最使人厌烦的谈话有两种,一是从来不停下来想想,另一种是从来不想停下来。

17.误解定律:被某一个人误解,麻烦并不大,被许多人误解了,麻烦就很大了。

18.结局定律:有一个可怕的结局,也比没有任何结局要好。

19.升迁定律:仕入官场,每升一级,人情味就减一分。

20.升值定律:出口转内销,就可以升值,舆论都是这样。

21.游戏定律:无论你保龄球打得多"菜",每次都可能有一两次全中,令你满意,高兴的下次再来。

22.人生定律:拼命想得到的东西,都不是真正最需要的。

23.旅游定律:没有比记忆中更好的风景,所以最好不要故地重游。

24.金钱定律:它不是万能,但是没有它万万不能。

25.财务定律:支票总是姗姗来迟,而账单总是提前来到。

26.备份定律:学会用左手做一些事情,因为右手不是永远都管用。

27.会议定律:所有重要的决策都是在会议结束或午餐前最后五分钟完成的。

28.危难定律:问题总是越复杂,期限就越短。

29.合作定律:一个人花一个小时可以做好的事情,两个人就要两个小时。

30.结合定律:不管干什么,总是有你希望的人和与你对立的人同你在一起。

还有人在解剖了自己,了解了自己后,依然还有这样的迷惑:"现在我对自己有了清晰的认识，我也有了清晰的意念，但是，我一定能成功吗？难道决心要做，就一定能做得到吗？要是我最后没有成功，又该怎么办呢？"

有这样的迷惑是正常的。但是，试想一下，如果一开始你就放弃了，那么就算机会真的来了，你也无法立即采取行动，如此还谈什么成功、收获？

曾有一穷一富两个僧人，都想去远方求佛。10年后，他们再次相聚。这时，穷僧人早已完成远游，手托玉佛实现了目标。而富僧人则说自己之所以未能远行，是因为每次出门前都会发现准备得不够充分，或天气不好……于是就这样一次次地耽搁了下来，也就延误了时间。

穷僧人微笑着说："如果你的心里有意念，那些困难就是天上的云，会来也会去；而如果你的心里藏着畏惧，那些困难就是移不动的山、填不尽的海，会永远把你阻隔！"

大多数情况下，你所得到的结果和你所选择的态度是一致的。要么能，要么不能。世界上有很多状态是可以由人的意念力控制的。

著名的护理学和护士教育创始人之一弗洛伦斯·南丁格尔，出生于一个富有的家庭，而她本人也是受过高等教育的贵族小姐。南丁格尔从小就着迷于护理工作，并且长期担当庄园周围生病农户的看护者。当她希望成为一个护士，加入到当时只有社会底层妇女和教会修女才会担任的护理工作中，并把这件事情当做终身事业时，遭到了父母的强烈反对和世俗偏见的中伤。但即使面临一些闲言杂语和误会，南丁格尔仍觉得自己可以胜任这个工作，丝毫不肯做出让步。

南丁格尔总是出现在病患最需要她的地方，尤其是在1845年克里米亚战争爆发后，她率领38名护士奔赴枪林弹雨的前线，加入病患的护理工作。此刻的南丁格尔完全脱离了贵族小姐的娇弱，不仅表现出非凡的组织才能，还给予了病患无微不至的关怀，帮助医生进行手术，减轻病人的痛苦。

每一天，她都要工作二十多个小时。她总是提着一盏小小的油灯，逐床细心查看病患的情况，因此，她也被士兵们称为"提灯女士"、"克里米亚的天使"。

最让人称奇的是，为了取得必要的医药物资，当所有人都不敢打破陈规陋习采取行动时，南丁格尔却带领几个大胆的人，撬开了英国女王仓库门上的锁，并向吓得目瞪口呆的守卫说："我终于有了我需要的一切。现在请你们把你们所看到的去告诉英国吧，全部责任由我来负！"

英国诗人丁尼生说："梦想只要能持久，就能成为现实。我们不就是生活在梦想中的吗？"那些觉得自己可以的人，有的是为了获得更好的生活、更高的地位或更大的成就，有的则是为了他们的梦想和目标，他们相信自己的能力，也相信自己可以改变很多！南丁格尔用实际的付出，向世人证明了实践理想的可贵，证明了护理工作的重要性。因为相信自己，不仅让南丁格尔改变了命运的轨迹，也让世界为之震动。在她的努力推动下，世界上第一所护士学校成立了，整个西欧以及世界各地的护理工作和护士教育也因此快速地发展起来。

现实生活中，我们总是觉得客户太刁钻不可能改变、身体不舒服不可能改变、薪水过低不可能改变……整天牢骚不断，好像"不可能"、"无法改变"已经成为我们终身的印记了。我们总是时刻需要别人的安慰。然而，若是拿我们所面临的困难和南丁格尔当初所遭遇的困难相比，简直就是沧海一粟，不值得一提。那么崇高、伟大的梦想都可以被南丁格尔实现，还有什么比它更难的？

一旦你开始萌发"我可以"的意念，正式迈入追寻梦想的队伍，就有可能生活得更好。事实上，世界上每天都在发生各种令人沮丧的意外，但也同时在创造各种感人的奇迹。如果你告诉自己"我可以"，那么这些代表新思路的想法就会迅速在你脑中生根发芽，长出嫩枝，帮你去攀越新的天地。

B 篇

暗示的力量

　　心理学家普拉诺夫认为："暗示使人的心境、兴趣、情绪、爱好、心愿等方面发生变化，从而又使人的某些生理功能、健康状况、工作能力发生变化。"

　　既然暗示如此神奇，那么，具体应该怎样做，才能充分利用暗示的力量取得成功呢？

第三章

自我暗示：
让成功在潜意识中扎根

所谓暗示是指通过人体的语言、行为、心理或者是环境的特殊语言，对人们的心理和行为产生影响的过程。所谓"自我暗示"，顾名思义，就是指有意识地对自己做出暗示。

事实证明，一个人完全可以通过自我暗示，彻底改变自己。而自我暗示有两个原则，一是"不断地"，二是"肯定的"。

每个人都可以用暗示重新塑造自己

暗示是影响潜意识的一种最有效的方式。它超出人们自身的控制能力，指导着人们的心理、行为。心理学家普拉诺夫认为暗示的结果使人的心境、兴趣、情绪、爱好、心愿等方面发生变化，从而又使人的某些生理功能、健康状况、工作能力发生变化。

1.自我暗示的强大力量

良好、积极的自我暗示所起到的作用有时候会完全超乎你的想象。

科学家对那些成就非凡的人做过研究，结果表明，他们在关键时刻都能进行积极的自我暗示，都能自己给自己增强信心，因此他们战胜了无数的困难，获得成功。

之所以能够得出这样的结论，是因为存在以下几项事实：

(1)人的所有行为都是出于思想的引导。身体由大脑所主宰，而大脑则是思想的居所。

(2)人的思想可分为两部分：意识与潜意识。在醒着的时候，我们的行为主要由意识所主导；而在睡着的时候，我们的想法和行为则是由潜意识所主导。

(3)无论是存在于意识还是潜意识中的念头，都会让我们产生某种"关联感"，促使我们用行动去把这些念头变成现实。例如，如果一个人的脑海中经常出现这样的念头——"我相信我自己，我很勇敢，我努力去做的事情必将取得成功"，那么他就能成为一个勇敢而自信的人。这样的过程就是自我暗示。

美国著名的歌坛巨星惠特尼·休斯顿虽然已经陨落人间，但是她成功的故事却一直引人关注。

作为一个黑人歌唱家，她能够在美国音乐界中拥有和迈克尔·杰克逊同等的地位实在是让人敬佩不已。她的歌声曾经俘获了全美乃至全世界人民的心，而她的成功却绝非偶然。

惠特尼·休斯顿的母亲是20世纪60年代"甜美灵感"乐队的创始人——锡西，身为音乐家的母亲，认为自己的女儿有着出众的歌唱才华，所以她经常教休斯顿学唱歌，但是休斯顿一开始并没有想过要当个像母亲那样的歌星，因为在她看来，母亲的光环是那样的耀眼，有那么多的人喜欢自己的母亲。而她也崇拜自己的母亲，但是她生性自卑，她认为自己不能像母亲那样成为歌星，只是默默地唱着自己喜欢的歌，做着普通人该做的事情。

到了十七岁的时候，休斯顿依然像个普通的学生那样上下学，偶尔会去看母亲的演唱会，当然自己也会练习唱歌。但从现实的角度来说，一个出生在歌星世家的年轻人，哪怕是嗓子不好，在十七岁的时候也早该学会登台演出，混迹娱乐圈了，但是休斯顿却并没有，因为她一直认为自己没有那个能力，而细心的母亲却发现这个看上去略带伤感的女儿潜意识里存在着强大的自我力量。虽然母亲了解女儿的实力，但是女儿并没有发现自我潜意识里的那种能力和力量。那时候的休斯顿正处在青春张扬时期，她内心也是非常矛盾，思考着自己将来的人生该怎样走下去，是想要做个唱诗班的歌唱家还是上大学做一名职业人士，她陷入了迷茫。但是每次听完母亲唱歌之后，她在潜意识里总能感觉到自己在歌唱方面的无限能力，她内心的超我总是抑制不住地想要跳出来。休斯顿每次有这样的心理暗示之后总是会很高兴，其实，她也很期待自己能够像母亲那样站在舞台上，接受人们的掌声和喝彩。

惠特尼·休斯顿潜意识里的超我终于爆发了。十七岁的那年，母亲的演唱会一如既往地进行着，而母亲为了能够让女儿有表现自我的机会，决定跟女儿同台演唱。这使休斯顿高兴之余也很紧张。虽然母亲是主唱，自己只是表演嘉宾，但是她依然很努力地为这次演唱做着准备。就在演唱会即将开始的时候母亲却因为嗓子突然发炎，发不了声音而不得不决定退出演出，但是台下的观众已经全部就位，所以母亲叮嘱休斯顿一个人完成这次演唱会。当时母亲只说了一句："你一个人完全能够挑起这个演唱会，我相信你，你有这个潜力！"

接到临时通知的惠特尼·休斯顿只能硬着头皮，深呼吸走上舞台。此时，她潜意识中的超我已经完全被激发出来，她开始自我暗示，告诉自己一定能够完成演唱。

　　她独自一人走上了大大的舞台，充分地展现出了她那独特而又富有磁性、动听的歌喉，赢得了满堂彩，惠特尼·休斯顿的这次演唱倾倒了所有的观众，从此她一举成名，成为了美国的顶级歌坛巨星。

　　从惠特尼·休斯顿的成名故事中可以看出，她敢于迈向舞台展现自己的歌喉，很大程度上就在于她在潜意识中的自我暗示力量。

　　有一辆火车行驶在荒野之中，当时乘客们都百无聊赖地望着窗外的寂寥景色。这条线路是美国非常重要的一条铁路线，而且客流量非常大。由于前面不远处要拐弯，所以火车每次行驶到这里的时候都会放慢速度。而此时，会有一座非常简陋的房子映入人们的眼帘。这座房子的出现无疑是浩瀚无边的荒原中的一道"靓丽景色"，所以乘客们都纷纷地睁大眼睛观看房子。虽然房子并不豪华，但是它出现的地点却能吸引人们的注意力。

　　所有的人都瞪大了眼睛看一眼这座房子，而火车一瞬驶过后，人们又开始把目光收回，继续百无聊赖地度过这段乘车的时光。但是车上有个年轻人却坐立不安——刚才的一幕他也看到了，他的脑海中突然出现了这样一个念头：能否利用这个房子做点什么，也许能够让我赚一大笔钱！

　　随着火车的继续前行和荒野的百般寂寥，他内心的这种潜意识越来越强烈，而且他也始终在心理上进行自我暗示："我可以的，这座房子一定对我有用！"他在内心给自己找了很多可行的理由，并且最终他决定发挥自我暗示所带来的力量。在返回的途中，他在中途就下了车，并且不辞辛苦地找到了这座房子的主人。

　　房子的主人告诉这位年轻人，房子不仅处在荒原中，而且由于距离火车很近，噪音特别大，所以没有人会出好的价钱来买下这座房子。虽然房主很想卖掉房子，哪怕是低价出售都可以，但是仍然没有人愿意买一座处在巨大噪音边缘的房子。出乎房主意料的是，这位年轻人却很果断地用低价买下了这座房子。

　　年轻人一再自我暗示："这座房子一定会给自己带来幸运！"他想到用这座房子来做广告——他认为火车每次经过这里的时候都会放慢速

度，而这座房子是整个荒野中最容易引人注目的东西，如果用此来做广告，一定可以引起人们的注意，于是他开始与一些大公司进行业务联系，他向各大公司推荐了自己的这个创意和想法。

很快，有一家公司看中了这个方案，于是与这个年轻人签订了三年的广告租期合约，并且支付给他18万美元的租金，而这家公司就是美国著名的可口可乐公司。

拿破仑·希尔曾说过："很多人不会成功，是因为这些人都被内心思维方式中的那面'墙'限制住了。"显然，成功的人是不会局限在某一个思维模式中的，他们会不断地进行自我暗示，寻求自我内心的潜在机会和能力，并牢牢抓住潜意识所带来的力量，从而走向成功。

在1954年以前，人们不敢相信有人竟然能够在四分钟之内跑完一英里的路程。因为在这之前没有人取得过这样的成绩，所以很多人都认为在四分钟之内跑完一英里是不太可能的事情，认为这是人类体力的极限。

然而，当时英国著名的长跑运动员罗杰·班尼斯特却不这么认为，他将在四分钟之内跑完一英里作为自己追求的梦想。而且他坚信，自己一定会突破这一极限。于是他努力加强锻炼，极力地发掘自己身体内的潜能量，他在日记中写下了这样的话："这样的速度是人们的一个梦想和目标。人们习惯性地认为这是不可能实现的，但这绝对只是一个幻象。"

在1954年5月的一天，班尼斯特在英国牛津突破了这个常规，用三分五十九秒的速度跑完了一英里，完成了人们以为不应该发生的事情。而在班尼斯特突破了这一极限之后的两个月，又有一名澳大利亚的选手约翰·兰迪再次打破了罗杰·班尼斯特的极限，用三分五十八秒的速度完成了一英里的飞跃，甚至再后来先后有十几名选手纷纷超越了这个极限，取得了令人惊奇的成绩。

无独有偶，当美国的跳远名将迈克·帕伍艾鲁再次刷新了保持二十三年之久的世界跳远纪录时，全世界为之震惊。上大学二年级的时候，帕伍艾鲁当时的最好成绩是七点四七米，远远低于由比蒙创造的世界纪录。

帕伍艾鲁经过多年的奋斗与磨炼，在全美冠军赛上，仅仅以一厘米之差，遗憾地输给了六十五次获跳远冠军的卡尔·刘易斯。

后来，在东京国立竞技场世界田径男子跳远比赛中，刘易斯与帕伍艾鲁再次展开了角逐。第四回合的跳跃中，刘易斯乘胜追击以八点九一米的成绩超过当时原世界纪录一厘米。刘易斯似乎确信他已稳操胜券了。

但就在这时，刘易斯脸色骤变。因为帕伍艾鲁在第五次试跳中，跃过了八点九五米的距离。这个成绩刷新了曾存在二十三年的世界纪录。

此时的帕伍艾鲁全身洋溢着成功的喜悦，他大口大口地喘着粗气，表述了他打破刘易斯神话的喜悦之情："每个人都说刘易斯是不可战胜的。世界纪录是不可能刷新的。但是，我坚持以'一定战胜刘易斯，一定打破纪录'来进行自我暗示，一直到今天获得成功。"

以上几个例子充分说明了自我暗示的神奇性，这样的例子还有很多。不再一一列举。最后简单总结一下自我暗示的作用。

第一，提醒作用。一位作家说："当你要和别人发生争吵时，并准备好某些词语时，请你在心里默念：'我一定不要说出这些词语！'只要这样去做，大多是吵不起来的。"这位作家的看法，也是一种心理暗示，他是暗示某种事情不会发生。当然，当你准备做某件事情，而又出现心理障碍如胆怯、紧张等情绪时，自我暗示也能起到正面强化的作用。例如夜间在乡村小路上行走，有些怕走夜路的人，就可以用自我暗示的方法来鼓励自己。

第二，镇定作用。人的心理十分复杂，经常要受外界情境的影响。尤其在对抗、竞争的条件下，对手创造一个好成绩，或工作做到你前面去了，会造成你的心理紧张。本来你有能力超过他，因为心理上的紧张，反而束缚了你潜在能力的发挥。自我暗示在这时就能起排除杂念、镇定情绪的作用。

第三，集中作用。这同镇定作用密切相关。一件事情，尤其是有一定难度的事情的成功，总是离不开注意力的高度集中。只有全力以赴，才能马到成功，除此之外没有别的捷径。可是，人的注意力并不是说集中就能集中的。缺乏心理训练的人，常常是到了注意力该集中的时候，却出现心猿意马的情况。怎么办？学会自我暗示，或许是一种比较有效的办法。

2.如何充分利用自我暗示的机制取得成功?

既然自我暗示如此神奇,那么,具体应该怎样做,才能充分利用自我暗示的机制取得成功呢?

首先,你必须要努力寻找,直到找到你愿意为之奋斗一生的努力方向,当然这方向一定要对自己和别人都有所裨益,不能损人利己。等到你确立了自己的努力方向之后,就把你想要达到的目标用一句话清楚地概括出来,然后牢记于心。

在生活中,实际操作如下:

(1)发现你真正想要的事物,并真正了解它的本质。

你可能有过这样的经验:当你得到了你认为自己想要的东西,但它并没有带给你想象中的满足。

你先要弄清什么是自己想要的。你先要了解一样东西会带给你什么样的本质,会满足你什么样的需要,以及在满足这些需要后你能更完整地展现什么样的美好特质。之后当你吸引的事物来临时,它会以一种真正能满足你的形式出现,给你带来喜悦,而且比你想象的还要美好。

无论你是否知道你想要的事物的具体形式、数量或外观,你同样能吸引它们前来。前提是你一定要知道它们的本质。事物的本质就是你想要它发挥的功用,你使用它的目的,或你认为它会给你带来什么。许多不同于你所描绘的事物也可能给你带来你想要的本质,因此敞开心扉让你想要的事物,以任何方式、大小、形状或形式适合地前来。

通过了解你想要的事物的本质,你就有可能以许多方式得到它。你可能并不确切什么样的特性会最符合你的要求。你或许想要一座新房子,但并不知道它在哪个方位或有几间房间。如果是这样,你可以具体想清楚它要满足你生活中的哪些功用,以及你将会如何使用它。你也许要求房子能照到早晨的阳光、光线充足,附近有树林、游戏场地,不会受邻居打扰,有开阔感,等等。这些特性就是你想要的房子的本质。

　　如果你专注于新家的外观或在心里详尽描绘它，但并不清楚你想要它满足哪些你想要的功能，那么你可能得到了你想要的特定外观，却发现房子并没有满足你的需要。如果你买了一所特别的房子，只是因为喜欢它的外观，而不知道你想在它里面做什么（诸如招待朋友、存放户外设备或设立一间办公室），那么这所房子可能就会让你失望。比如，用来招待朋友房间太少了，用来存放东西它显得太小了。如果你能描绘出一座非常具体的房子，甚至详尽到墙壁的颜色，这固然很好，但你也要知道你为什么想要这些具体的特性。一旦你了解你想要的事物的本质，你吸引来的东西就会给你带来你期望的一切。

　　即使你知道自己想要的事物的形式，你仍然需要了解它的本质。去发现它的本质，尽可能将它的本质具体化，例如，如果你想要一台新电视机，那么想象你想要什么颜色、特性以及其他的功能，然后问自己"为什么我要这种特性，而不是那种特性"。当你越来越明确，你就会发现你想要的事物的本质。如果你设计或建造过什么东西的话，你可能就会发现，为了达成你的目的，你必须事先考虑你想要它具备的所有用途和功能。

　　如果你想要一样还不确定的事物，诸如变得富有或快乐，那就问自己："我如何会知道自己什么时候是快乐的？要在银行有多少存款我才会觉得自己是富有的？要达到多少月收入？我能花多少额外的钱在我想要的开支上？"

　　(2)专注于创造你想要的事物，而不是专注于摆脱你不想要的事物

　　要想成功地自我暗示，就要把暗示的点专注于创造你想要的事物上，而不是专注于摆脱你不想要的事物。

　　许多人并不知道他们想要什么，却很清楚他们不要什么。如果你不知道自己要什么，你可以观察生活中你所不喜欢的环境，然后要求相反的环境出现。开玩笑地问你的朋友们，什么会让他们快乐，或者在生活中他们想要什么。你会惊讶地发现，许多人都会开始描述他们所不想要的情形，而不是他们想要些什么。

　　那么，对于所有你不想要的情形，要尽可能清晰地描绘你会以什么

样的情形去取代它们。

用肯定句,以现在时陈述出你想要的事物。不要说"我不想为付账单而苦苦挣扎",可以说"每个月我都很轻松地付清账单"。

另一个重要方面就是:你确定自己所要求的是你想象中自己会拥有的事物。如果你想要一百万元,你能不能真的相信你会拥有这笔钱?尤其是,如果你连自己每月准时轻松付清房租都有困难的话,那么拥有一百万元在你看来显然就不那么真实。你对得到一百万可行性的信念还不是非常的强烈,不足以让你用你的暗示力在一段时间之内吸引到这笔钱。

最好先从你能想象自己会拥有的事物开始。当你从相信自己有能力创造的事物开始,就会体验到你的吸引力和能量运作的成功结果。这会强化你行动的信念,让你相信自己有能力创造你想要的事物。

许多人都对自己说:"我应该挣钱来买房子,买车子。"但"应该"并不会给你足够的能量去创造,对大多数人来说并不足以激励自己,所以,你要承认清单上有一部分并不是你真正想要的,这样你就能专注于你真正想要的事物。

其次,每天都要把这句话对自己重复几遍,特别是在临睡前。

告诉自己,因为你正在为实现这一目标而努力奋斗,所以整个世界都会为你敞开大门。你所需要的一切人力物力和其他资源,都会自动送上门来为你所用。

记住,你的大脑就像一块强有力的磁铁,可以通过思维的磁场作用吸引那些想法与你相似的人,而正是这些人可以帮助你把理想变成现实。这种吸引作用,可以概括为物以类聚的自然规律。万有引力定律维持着宇宙星辰的运转,而物以类聚的规律则维持着万事万物的稳定存在。假如没有这条规律的作用,或许构成橡树的细胞就会跟构成杨树的细胞混在一起,形成半是杨树半是橡树、不伦不类的东西。然而,这样的东西从来就没有人听说过。

只要我们稍微注意观察一下,就很容易发现物以类聚的规律在人类社会中的具体表现:成功人士总是跟别的成功人士凑在一起;而失败者则总喜欢跟失败者为伍,这就跟水往低处流一样自然。

物以类聚,人以群分,这是无可辩驳的事实。

拥有相同目标、相同想法的人,总是会情不自禁地凑在一起。如果你能够把握自己的目标,控制自己的想法,你就可以逐渐把自己培养成一块"磁铁",吸引那些与你意气相投的人们来到你的身边。

具体做法如下:

①当你要上床睡觉时,从今晚开始,直到达到你的目标,在你准备要熟睡前,念以下的暗示十次。例如:"每天在各方面,我都会一天比一天好。"当你在念暗示时,想像自己无论哪一方面都越来越好。

②为了避免睡着和忘记数到哪里,每说一次暗示,你压下右手的一只手指。然后继续到左手的手指头,直到你说完10次暗示。

③这可能是你第一次尝试学习用暗示来有效地设置自己。每天晚上这样练习,直到念完十次才能睡觉,这是非常重要的。

④你已经开始建立一个习惯模式,在睡前适当地利用积极的暗示来设定自己。隔天你会发现你会非常乐观地反应昨晚的暗示。

⑤你应该一辈子都持续用这个自我提高的方法。当你达到你特定的目的后,你可以换另一个暗示。

需要注意的几点如下:

①句子应简单有力,不要太长、太啰嗦。如:"我很健康!我很聪明!我很精干!我一定成功!"不要说:"我要好好学习,每天抽出两小时学外语,学好外语,可以出国,干一番事业,挣一笔大钱。"这样说太啰嗦。

②暗示语要有积极性,不要从反面说。因为潜意识不喜欢拐弯抹角。例如:"我的工作不应该干成这个样子,应该干得更好。"这样说就不好。应该说:"我的工作很棒!"、"我的工作很出色!"

③暗示语不要模棱两可,要确定。例如,不要说"我的工作或许能取得成功,给单位带来效益",应该说"我能成功!""我一定成功!"

④暗示语要有可行性。也就是说,暗示语的选择,要考虑到是否符合自己的实际情况,是否符合内外环境情况,是否经过努力可以办到。

经过努力办不到的事情，或内外环境根本不允许的事情，就不要去暗示。暗示时，最好暗示自己的近期目标，这个目标实现了，再暗示下一个目标。不要一次性暗示太远了，因为太远了，就容易脱离现实。

⑤要配合想象，注入情感。自我暗示语确定下来后，要用想象力去配合。调动自己的情感因素去体验成功时的感受。例如，想象你成功之后，站在领奖台上的那种心情、感受，以此来强化自己的暗示语，使想象更加逼真，使暗示语进入自己的潜意识。

3.自我暗示的基本方法

接下来，大家都会想："那么，什么时间暗示自己最好？具体要怎么做呢？"下面介绍一些常见的暗示方法，包括时间、可以参考的暗示语言等等。

六种自我暗示方法

以下六种暗示方法并不是独立的，可以灵活结合，相互运用。

(1)录音催眠法。

录音的用途很多，有人用来学英语，有人用来听歌曲，但也有人用在睡眠学习上。其原理是，一个人在熟睡之前或尚未完全清醒之前，潜意识是最活跃的时间，此时录好的内容，在无意识的催眠状态下灌进的脑海里，使大脑接受暗示。当一个人在此状态下接受暗示后，一旦清醒过来，就会遵照被催眠的暗示去行事。

在催眠的状态下，暗示具有较好的效果。所以，可将这种暗示法应用在潜能开发上。应用的方法是，将你选好的暗示语录上，重复录的一面。每晚睡觉前放半个小时，使你在录音播放中睡着，这样反复播放数周后，暗示语就会生效，你的潜能就会得到开发。

你近期的任务是开发一种新产品或完成某一科研项目，为做好这项工作，可播放这样的暗示录音："我近期的目标是开发XXX新产品。这对我很重要，对公司也很重要。我头脑聪明，富有创造性。我能力很强，才华出众。一定能设计出高水平的新产品来。"反复播放数周,必见成效。

如果你希望你的工作顺手,事事顺利,以此来发挥你的能力。可放这样的录音:"现在的心情很好,情绪也很稳定,应该好好地休息,明日醒来,精神旺盛。工作中得心应手,事事顺利。"反复播放这一内容,第二天必有好的心情,工作一帆风顺。

如果你有办事拖拉、优柔寡断、缺乏时间概念、懒散等毛病,想去掉这些毛病,你就播放这样的录音:"我有说干就干的工作作风,我喜欢当机立断,我惜时如金,我很勤快,我有勤劳的美德。"

你期望自己成为什么样的人,你就怎样暗示自己。记住:今日的暗示,就是明日的你。

(2)扩大优点法。

有人之所以有自卑感,是由于看不到自己的优点,光看到自己的缺陷。实际上每个人都有自己的闪光点,看不到,只能说你没有发现。你现在要做的是,不但设法发现它,还得设法扩大它。即使是微小的优点,一天反复思索几遍,也能使你感觉到优点多于缺点。

年轻的小伙子在追求一个女孩子时,如能反复称赞对方最迷人的地方,很容易打动她的芳心。即使在本质上是一个微不足道的小优点,只要在量的方面给予反复的刺激,自然会把缺点驱逐到一边去,而使优点在心中逐渐扩大起来。

如果有人认为,"我一向很害羞,性格也很内向,如果说我有优点,那只有温柔一项而已。"好!温柔就是你的优点,反复对自己说:"我很温柔,这一点我比别人强。"这样就可增强你的自信。

(3)淡化消极因素法。

所谓淡化消极因素,就是设法缩小消极面。在实际生活中,有许多人被不安和自卑情绪困扰得痛苦不堪,但稍加分析,就会发现他们将极小部分的失败或恐惧扩大化了,扩大到了整体。以偏概全。

在此种情况下,不妨做一下分析。

比如,与某一领导发生口角时,有些人往往认为,这次完了,得罪了某一领导,以后不会有什么"好果子吃"。所以对工作失去了信心。对此问题也可采取以下办法解决——

"你对工作失去信心的原因是什么?"

"是与领导发生了口角。"

"是与所有的领导发生了口角吗?"

"不是,仅与领导中的一个发生口角。他仅是领导中三分之一或五分之一。"

"没关系,不会影响你的工作,也不会影响到你的前途。"

……如此考虑问题,消极心态就不存在了,就不会对工作失去信心了。

(4)不说消极语言法。

消极语言,是一种消极暗示,这种话说多了,就会产生自卑心理,使人意志消沉,失去自信,一事无成。

既然消极语言危害如此之大,为什么人们还要说呢?这与人的心理状态有关。当生活、工作、学习不顺利的时候,消极话就脱口而出,对自己进行否定,而且进行全面否定。

有些人常说反正、毕竟或总之一类的话。

"反正我认为不行,毕竟是不行的","总之,我是无能为力了","我毕竟比不上他","总之,注定是要失败的"等等。这些话都是一些全面否定自己的话,一旦开口,使得本来可以做好的事,也就做不好了。因为说出"反正"、"毕竟"、"没办法"的话,就表示自己失去信心、放弃努力或停止思考的意思。所以,做不好,或不去做,也就理所当然了,也就没有必要再努力了。

这就是消极语言带来的严重后果。一个人要想树立自信,使自己的事业获得成功,就应避免说消极语言,即使一些消极的话浮现在你的脑海里,也要避免应用它。这一点切勿忘记。

(5)赞美他人法。

赞美他人,是一种积极的暗示,不仅给他人积极的暗示,同时也给了自己积极的暗示。因为,在赞美他人时,你看到了他人的长处,发现了他人的优点，说明他人的长处、优点也进入了你的心灵，这本身就是一种积极的暗示。同时，你赞美他人时，他人必定高兴，给你一个笑脸，这也是一个积极性暗示。所以赞美他人是一种很好的积极性暗示，如能经常运用，必然收到较好的效果。特别是对于领导者，如能善加运用这一方法，其效果更大，不但能改进上下级关系，还能调动部下的工作积极性。

领导者看到部下时，打个招呼，展露一下笑脸，再讲几句表扬性的话，"最近工作干得不错，你起草的那份文件，我看了，写得很好"、"你那项工作完成得很漂亮，你辛苦了"等等。有的领导说，对有些人有时候实在没有可表扬的，那么你就说一声"你的衣服真好"也能起到积极暗示的作用。

要知道，领导的赞扬，对领导而言，开口而出，并不费事，但对下属来说，其作用就大了。因为你是领导，你的表扬就是对下属工作的肯定。下属受到表扬后，会认为我这样做，能得到领导的赞赏；我这样做，能得到领导的肯定；我这样做，就是做对了。下次还要这样做。你看，下属就会自动地按照领导表扬的去做了。所以，你希望下属怎么做，你就怎样表扬下属，你怎么表扬，下属就怎么做。这比领导下命令，提要求，强迫下属按照领导的意图去做强得多——这就是领导艺术。

此外，领导对下属的表扬，也是对下属能力的肯定。下属会认为："我行，我的能力还可以，我有能力做好本职工作。"从此提高了自信心，增强了对工作的兴趣与自信感，工作越干越好，越干劲儿越足。

所以，有心理专家对领导者建议，当领导的要每天表扬五个人。五个人是谁呢？可以是你的部下，可以是你的同事，也可以是你的家人。表扬你的部下，能改进你的上下级关系，调动部下的工作积极性，开发部下的潜能；表扬同事，可增进同事之间的友谊，使你与同事之间的人际关系更加和谐；表扬你的家人，可增进家庭的和睦；表扬你的孩子，可开发孩子的潜能。此种方法非常有效，你不妨一试。

(6)转移暗示法。

积极的暗示产生积极的心态，消极的暗示产生消极的心态。对于自己而言，可避免运用消极的暗示，对于他人，可就难以避免了，你不说，人家说,照样对你进行消极暗示,怎么办呢?遇到这种情况,就得运用转移暗示,将别人对自己的消极暗示,转化为积极暗示。

有一天在某路公共汽车上就发生了这样的事。一位老先生踩了一位年轻姑娘的脚,这位姑娘开口就骂人:"你个老不死的!"可是这位老先生没有生气,反而笑呵呵地说:"谢谢!谢谢!"老先生这一举动,把周围的人都闹糊涂了,这是怎么回事,人家骂他"老不死的",他不但不生气,反而乐着说谢谢,肯定这老先生神经有问题。此时,老先生说:"她没有骂我,她给我祝福呢,她说,第一我老了,第二我不会死,这不是给我祝福吗,我不应该感谢她吗?"听到此话,周围的人都乐了,那位姑娘红着脸低下了头。

这就是转移暗示,将不利于自己的话,转移为有利于自己的话。在日常生活中,经常会遇到类似的情况,青年人血气方刚,容易急躁,所以学会转移暗示就显得尤其重要了。

暗示的时间和次数

什么时间暗示最好呢?暗示多长时间才会有效呢?

一般来说,当你确定了自己的暗示重点,明确了自己计划改进的某一方面,选好了自己的暗示语时,就可以暗示了。在暗示前,最好把暗示语写出来,写上年月日,签上自己的大名。这表明从这一天开始,自己开始改进自己了,开始开发自己的潜能了。从这一天起,早晚各暗示一次。早上在起床前暗示,晚上在上床后睡觉前进行暗示。这两个时间是潜意识最活跃、最容易接受信息的时刻。暗示语可以高声朗诵,也可以小声朗读,也可以无声默读。在暗示时要利用大脑的想象力,想象所向往的目标形象、图景和情景,使暗示带有色彩,充满情感,这样效果会更佳。

这种带有色彩、充满情感的暗示,每天早晚各一次,一直连续21天,不能间断。

为什么是21天呢?

21天这个期限,是建立积极心态,养成一个习惯的最低期限,不能打折扣。改变一个人的心态,养成一个习惯,至少也得经过21天连续反应,这是心理学上的一个法则。也就是说经过21天后,才能看到效果。所以21天内, 只管按时暗示就行了。不要去想这些暗示语会不会产生作用,会不会有效之类的问题。因为,疑心是一种消极暗示,它可抵消你的积极暗示,这一点要特别引起注意。

如果在这21天内,你能坚持不断地,坚信不疑地向潜意识进行暗示,这些暗示语就潜移默化地渗透到你的潜意识之中,并储存下来。这时,它就会成为你的自动导航系统,就会成为你宝贵的精神财富。这些精神力量,成为激励你、鞭策你前进的动力。这时的你,就不是以前的你了。

如果21天之后,甚至更长时间,你感觉不到任何变化,问题可能出在以下三个方面:

(1)对暗示和暗示语没有认可。

对暗示持怀疑的态度,也就是说,你认为它的作用并没有那么大,它并没有那么重要,如果你有这样的心理状态,你的大脑网状激活系统就不会让它通过,不会让它进入潜意识。这时你就是一天暗示十次也没有用。要解决这个问题,首先重新认识暗示的作用,再次分析你的暗示语。你所暗示的目标,是不是你所期望的,是不是你真心所要的。如果不是,再修正你的暗示语,一再修订你的目标,一直修正到你满意为止。以此为起点,再连续暗示21天。

(2)21天之内,是否有间断现象?

如果是想起来就暗示一次,想不起来就不暗示了。这样也不会产生效果。其原因也是重视不够,网状激活系统没有让此信息通过,所以也就不会有效果。

(3)没有注入自己的感情,没有进入"角色"。

演员要演好一个戏中的人物,一定要进入角色,把自己想象成戏中人,并且注入感情去演,才能演好、演活,才能打动观众。同样的,要使暗示语打动你的潜意识,进入你的自动导航系统,也要求我们带着感情地真心实意地去暗示。如果把暗示当成一种负担,看作是一种勉为其难的事,那就毫无作用了。

总之,要想使积极暗示发挥作用,首先对其要有正确的认识,承认它的作用,认为它重要,这样才能引起你的网状激活系统的重视,才能让暗示语进入你的潜意识,你才会坚持不懈地对自己进行暗示。

不仅暗示21天,你还会长年累月地自我暗示,长年累月地自我想象,把你期望的目标、追求、品德、个性、信念等等,连续不断地在你的潜意识中播下种子,并进入你的自动导航系统,使你所期望的东西,自然而然地反映在你的现实生活中。

自我暗示的技巧

以上我们了解了自我暗示的力量,也系统地学习了一些理论方面的知识,下面是一些具体的自我暗示的技巧。

1.给内心设立一个精神偶像,利用偶像的力量进行自我暗示

现代成功学大师拿破仑·希尔认为:"每个人心中都有一位自己想要成为的人,这个人或许是拿破仑,或许是林肯总统,但无论是谁,这个人都会在内心带给你很多力量。"

其实这句话简单地来说,就是偶像的力量,只要内心有一个精神偶像,这个精神偶像就会让你时刻进行自我暗示。而这种自我暗示能够爆发出无限的潜力,让你有机会成为自己内心精神偶像那样的人。

我们的生活中从不缺少精神偶像,精神上的偶像能够帮你找到自我内心的那种潜意识,而且还能及时地激发你的潜在能力,使你走上成功的道路。

在美国有一个黑人，他是在贫民窟里长大的。年幼的他身体非常瘦弱，还经常生病，而且他在家里八个孩子当中是学习最差的，也是最缺乏学习积极性的一个。虽然他的父亲为他担心，但是这个小男孩并不为此感到灰心。

有一天，他在家里看电视，电视上正在介绍当时非常有名的高尔夫球运动员尼克劳斯的节目，这个小男孩看到这个节目之后燃起了希望的火花。他在心中对自己说："我要像尼克劳斯那样，当一个职业高尔夫球运动选手！"

这个小男孩认为自己天生就是个高尔夫球运动员，他虽然没有钱买球杆，也没有条件去打球，但是他在电视中看到尼克劳斯打球的时候感觉自身仿佛充满了打高尔夫的能量和技巧。所以，他认为自己一定要打高尔夫球，而且还要像尼克劳斯一样享誉全美国，于是他把尼克劳斯当成了自己的偶像。他每天都要用树枝或者塑料杆来比划着打球，而且姿势都非常准确，他所焕发的那种高尔夫球运动员特有的气质让人惊叹。

他生平第一次向父亲要钱买高尔夫球杆，但是父亲并不同意，而且父亲告诉他那是富人玩的运动，穷人是玩不起的。但是他的妈妈却看到了儿子的天赋，于是在妈妈的请求下，他的父亲亲手给他做了一个球杆。虽然这个球杆不是那么华丽也并不专业，但那时拥有了第一个球杆的他却很爱惜它。而他父亲还在自家的空地上帮他挖了几个洞，小男孩每天会用捡来的高尔夫球练习很长时间。

很快，男孩高中的体育老师费尔曼发现了他的高尔夫球天赋，并且介绍他到高尔夫球俱乐部去练习球技，当然学费都是这位热心的教练帮他垫付的。家庭的贫困和教练的支持更让他坚定了自己的理想，他时时刻刻都在内心对自己说："尼克劳斯当初也是很贫穷的，但是他坚持了下来，他成功了，我也应当和他一样！"

在这样的心理暗示下，他在俱乐部更加努力地练球，所以他的球技越来越好，而且受到了很多业内人士的关注。在进入俱乐部三个月之后，他就凭借着自己的能力获得了奥兰多市少年高尔夫球大赛的冠军，而他也因此在高中毕业之后被斯坦福大学录取了。

这时候他却突然想要放弃高尔夫，原因是男孩的家境实在是太贫困了，而且他还要读大学。当时有个朋友的哥哥开公司，正缺人手，薪水丰厚，于是他决定去那里上班，以养家糊口。他的教练费尔曼听说之后，再次找到了他，在询问了他的情况之后，问他的理想是什么。

男孩停顿了很长时间，然后说道："是的，我想要成为尼克劳斯那样的高尔夫球选手。"

教练只说了一句："你还记得就好。"然后就走了。

教练走后，男孩陷入了沉思之中，他呆呆地坐在屋子里，内心反复地出现这句"我要成为尼克劳斯那样的高尔夫球选手"。他的潜意识中仿佛出现了很多美好的画面，全是他站在碧绿的球场上，优雅地挥着球杆这样的画面。其实这个场面是他再熟悉不过的偶像尼克劳斯的背影。想到这里，他内心忽然有了一种莫大的力量和精神支持，他毅然决然地拿起电话向朋友的哥哥说明了自己的想法，辞去了工作。

辞去工作之后，他开始在俱乐部努力训练，每次将要挥动球杆的时候他都会对自己说："大胆地去追求自己的梦想吧，尼克劳斯也会这么做的！"也就是在同年，这个男孩一举获得了当时全美国的业余高尔夫球大赛的冠军，从此被人们所熟知。三年之后他真的就成为了一名职业的高尔夫球选手，而且还与自己崇拜的偶像尼克劳斯有过密切的球技切磋。

他的梦想终于成真了，他那种自我暗示的力量帮他赢得了尼克劳斯那样的生活。他是迄今为止全世界最伟大的高尔夫球选手之一，而且也一直创造着高尔夫球运动界的奇迹。他曾经多次获得高尔夫运动球手全球排名第一的称号，而他就是泰格·伍兹。

泰格·伍兹的成功其实就来自其心理上的自我暗示，是尼克劳斯这个精神上的偶像给了他动力，让他时刻在内心想要成为像尼克劳斯这样的人。

在你的生活中，或许你想成为巴菲特那样的大投资家，也或许想成为FBI联邦特工那样的人，或许想要当一名像茱莉亚·罗伯茨那样的电影明星……而当你有了这样的精神崇拜者之后，你的内心就会把他们的一切优点变成自己潜意识的一部分，而且是最重要的一部分。你在想要成为这样的人的时候，会在言谈举止或者是行为处事上向这些精神偶像靠拢。

比如，在我们遇到一些问题需要处理的时候会不由自主地想："如果是他，他会怎样去做呢？"其实这些问题和想法都是自我暗示的心理效应，即自己会在内心中形成一种固定的模式，那就是要向自己的精神偶像靠拢，而潜意识在收到这样的讯息时，就会迸发出潜能量，使你做得像你的精神偶像一样出色。

1941年，他出生于日本大阪一个贫寒家庭。小时候，他的邻家大叔是一位木匠，常带他玩，并教他用木头制作各种玩具。13岁时，他和木匠大叔合作，在自家的房子上加盖了一间阁楼。看着自己的这件"作品"，他非常骄傲，并由此确立了理想——当一名建筑师。

高中毕业时，因家庭贫困，他只好放弃了大学梦。走入社会后，他仍无法放弃做一名建筑师的梦想，于是便干起了家具制作和室内装潢的工作。但这些工作不仅离成为建筑师的梦想太遥远，而且收入极低，甚至无法维持生存。他非常苦恼，不知道自己的出路在哪里。

一天，他偶然在一个旧书摊上发现了瑞士建筑大师勒·柯布西耶的建筑作品集，立刻被那风格独特的设计所吸引。他想买下这本书，可是钱不够，于是央求老板一定要替他保留这本书。他忍了几天饿，终于凑够了买书的钱。

柯布西耶的书不仅让他知道了什么是建筑，而且还让他找到了自己的人生出路：柯布西耶也没有受过高等教育，是通过自学成为建筑大师的，而他自学的方式除了读书，便是旅游，只要有机会，他就到世界各地参观建筑杰作，对他来说，这是另一种方式的阅读……这个年轻人决定，以柯布西耶为偶像，复制他的成功之路。

他开始一边工作一边自学，用一年的时间将大学建筑系的教科书研读完毕。接下来，他要像柯布西耶那样去世界各地旅游了，但是，他没有钱！

就在他一筹莫展之际，一位朋友说，只要做上拳击手就可以拿到工作签证出国比赛，于是，他仅仅用了两个多月又拿到了职业拳击赛的执照,然后利用出国比赛的机会到世界各地旅游。

从1962年开始,他经西伯利亚铁路来到莫斯科,然后从北欧进入中欧、南欧,接着再到印度……在漫长的旅行途中,他欣赏到无数建筑杰作。

1969年,他结束了历时7年的旅游生涯回到日本,开设了一家建筑师事务所。但是,不仅没人承认他是一名建筑师,反而都觉得他异想天开:"一个没受过正规教育的人,怎么可能成为建筑师呢?"

面对质疑,他没有退缩,经过整整7年的不懈努力,1976年,他设计的"住吉的长屋"让他在日本建筑界崭露头角。

此后,又经过长达二十多年的奋斗,他终于成长为一位像柯布西耶那样的大师级人物——1995年,在他54岁时,他获得了有"建筑界诺贝尔奖"之称的"普立兹克奖",成为有史以来获此殊荣的第三位日本建筑师……

他就是被誉为"清水混凝土诗人"的安藤忠雄。他和"鸟巢"设计者赫尔佐格、央视新址设计者库哈斯被合称为世界三大建筑师。

可见,拥有一个精神上的偶像,时刻拿偶像的优点来进行自我暗示,这样就更容易让自己产生成功的意念。

2.肯定自己,是自我暗示的最有效的技巧

肯定自己,是自我心理暗示的一种最基本的技巧,也是最有效的。

德国心理学家艾宾浩斯·赫尔曼指出:"和自己说话的基本前提和原则就是肯定自我。"

美国著名的心理学家哈罗德·凯利曾经做了一个与著名的罗森塔尔效应很相似的实验:当时正值新学年开学之际,于是哈罗德请校长分别叫三位教师来办公室,并且分配给他们一个很重要的任务:校长从全校挑选100名最优秀的尖子生,并且将其分为三个班,分别让这三位教师教授。校长还对这三位教师说由于他们是全校最优秀和出色的教师,才将这个重任交给他们。由于这一百名学生的优秀程度可谓是拔尖的,所以校长希望

这三位老师能够认真教授，不要给最优秀教师丢脸。这三位教师听到自己不但是最优秀的教师，而且还接受了最重要的任务，内心都非常高兴，他们欣然允诺，表示一定会努力培养学生们。但校长另外还叮嘱他们对待这些学生的教育方式也要像对待其他学生那样，不要太过张扬。

这个实验在哈罗德·凯利博士的安排下正式开始了。一年之后，结果出来了：这三个班级的学生的成绩在全年级中是最好的，可是哈罗德·凯利教授和校长突然将这三位老师再次叫到了办公室，并且对他们说出了实验的实情：其实这些学生根本就不是最优秀的，只不过是随机抽取的最普通的学生而已。这三位教师听到之后都非常诧异，但是令他们感到惊喜的是自己的教学水准得到了肯定。但这时候哈罗德·凯利又说出了一件令人们难以置信的事情：这三位老师也并不是最优秀的，而只是随机抽取的普通教师。

其实在罗森塔尔效应被广泛认同之后，哈罗德对这个结果已经不再感到惊讶了，只是做这个实验能够更有力地验证这样的事实：这三个教师都认为自己确实是最出色的教师。他们在进行教学的时候总是会在内心进行自我心理暗示，肯定自我，并且对教学的工作充满无限的信心，激发出了他们潜意识中的潜在能量，所以让他们出色地发挥出了潜能力，最终他们就真的成了全校最优秀的教师。

这也证明了在做任何事情的时候，哪怕是最困难的事情，如果能够充分地肯定自我，拥有强有力的自我暗示心理，那么就向成功迈了一大步。

喜欢足球的人都很喜欢阿根廷的10号运动员梅西——他在2009年曾获得"世界足球先生"，多次带领球队冲进欧洲杯、国王杯的决赛，而且2010年他还获得国际足联的金球奖。人们除了喜欢球场上的梅西以外，还敬佩他幼年时对梦想的坚持及其曲折的成功历程。

生于1987年的梅西，在5岁的时候就已经表现出了自己的足球天赋，并且在当地的一家俱乐部里面开始踢足球，而他的教练正是他的父亲。幼年时候的梅西仿佛找到了自己的人生乐趣，于是他没日没夜地踢球。

然而在11岁的时候，梅西却被医生诊断出缺乏荷尔蒙而导致的骨骼发育异常,这就意味着他会长不高,骨骼的发育会受影响。而骨骼对一名足球运动员的重要性不言自明,甚至可以说,强壮的骨骼就像是战士的枪一样重要,所以当时的小梅西十分不开心,而家境的贫穷也让这个小男孩不得不放弃自己钟爱的足球。为了让儿子继续他的梦想,梅西的父亲不惜倾其所有为其治疗。

就在梅西的父亲倾尽所有的时候,巴萨的雷克萨奇听说了这件事情。他找到了梅西,观看了他的足球比赛,认为这是一位未来的足球新星,就把梅西带到了欧洲,并决定让其接受更好的训练和治疗。

2000年,13岁的梅西却只有140厘米的身高,当时球队中的人们都笑话他,嘲笑他个子矮,差点连教练都放弃了他。可是梅西却没有放弃自己,他总是在内心对自己说:"梅西,你可以的!"每次进一个球,他都会对自己说:"好样的!梅西,你是最棒的!"正是因为他的这种自我肯定才让他内心的潜能量无限爆发。他虽然在骨骼发育上有一定的障碍,但是这似乎完全没有影响到梅西的足球技能。

很快,巴萨青年队的教练发现了梅西的超强天赋,迫不及待地想要与这位年轻的选手签订一份长达十二年的合约,但是由于国际足联的规定,未满20岁的球员不能签超过五年以上的合约,所以这项合同也就只签到了2005年。在这期间,巴萨的教练竭尽全力地帮助梅西进行治疗,在2003年的时候,梅西的个子已经长到了169厘米,虽然这与他现在的身高基本相同,但是这已经达到了成为一个优秀足球运动员的标准。而梅西总是进行自我暗示,他每天都会跟自己对话,鼓励和肯定自己,从来不服输,认为自己就是最优秀的选手。无疑,这是一种强有力的自我心理暗示技巧——这为梅西带来了无穷力量,让他一次又一次地攀登上了国际足球对决的巅峰。

当然,肯定自我,也并非任何时候都要盲目肯定。

首先在进行自我肯定的时候,要始终用一种现在进行的话语状态进行自我暗示,而不是用一些将来的话语状态。

比如,要经常这样对自己说:"我现在已经越来越棒了!"而尽量不要用"我将来一定会越来越好"。因为人在潜意识里会对这种自我肯定有一定的反应，如果你对自己说"我将会变得更好"，你的潜意识很可能就会传递给你"将来会变好吗？很难说"的信息，而这会影响你的自我表现和潜能力的发挥。

其次，自我肯定还要在一种最积极的方式中进行。"我再也不能懒惰了"和"我现在越来越努力和勤奋了"这两个自我认可的话语看似表达的意思是一样的，但是其积极程度却并不一样。前者虽然认识到了自己的懒惰，但是却没有下定决心改掉，而后者却有一种积极去实践的感觉，所以肯定自我要用一种最积极的方式进行。

再次，在进行自我肯定的时候语句越简短越好。肯定自我达到自我暗示是需要强有力的说服力的，而且一定要表达出强烈的情感，只有这样，才能深入人心，而内心自我暗示也就越能起到作用。那些长篇大论的自我肯定的语言缺乏情感上的冲击力，难以起到自我暗示的作用，不能激发出潜意识中的潜在能量。

最后，要让自己的潜意识相信你思想内的自我肯定。在进行自我肯定的时候，我们要尽力创造出一种可信的感觉，只有这样才能让潜意识完全接收这样的信息，而只有感到真实的存在感，才能达到一定的效果，从而让潜能量更加完全地爆发出来。

延伸阅读：

常用的肯定自我暗示语

利用暗示语时，要结合自己的情况而定。你的近期目标是什么，你就暗示什么。你想在哪一方面获得成功，就在哪一方面进行暗示。

为便于大家操作，下面介绍一些常用的暗示语。

希望增强自信时，可用以下暗示语——我很自信！我才能出众！我精力充沛！我很能干！我处事果断！我是独一无二的！我很帅！我很漂亮！我感觉很好！我心情极佳！

希望改善人际关系时,可用下列暗示语——我诚恳!我光明磊落!我喜欢赞美别人!我能宽容别人!我待人慷慨大方!我谦虚待人!我信守诺言!我珍惜友谊!我受大家欢迎!

希望提高工作效率时,可用下列暗示语——干就干!我当机立断!我惜时如金!我很勤快!我很勤劳!我办事效率高!我工作速度快!

当你遇到困难和碰到难题时,可用下列暗示语——我能解决这个问题!对我来说容易!我能找到解决问题的办法!我能办好这件事!没有解决不了的问题!办法总会有的!

当你遭到失败时,常用的暗示语有:我下次一定能成功!我增长了见识!我丰富了经历!我得到了经验!我得到了锻炼!我收获很大!我心情很好!

你希望朝气蓬勃、智慧超人时,可用下列暗示语——我智慧出众!我头脑聪明!我记忆良好!我富有创造性!我想象力丰富!我无所不能!

你希望成为一名高级管理人才或成为一名专家学者时,可用下列暗示语——我是一个非凡的人物!我是一位天才!我能成就大业!我是一名优秀的管理人才!我是一名出色的设计人才!我是一名出色的研究人才!

你希望自己成为一个健康的人时,可用下列暗示语——我很健康!一天比一天健康!我身体强壮!我喜欢运动!我精神愉快!我心情舒畅!

你希望有个幸福的家庭时,可用下列暗示语——我家庭和睦!我的家庭充满欢乐!我的家庭和谐美满!我爱我家!他们很喜欢我!他们都爱我!

3.改善环境,利用环境进行自我暗示

离开不合适的环境是改造自我的第一步。一个能够唤起潜能的环境与成功存在很大的关系。

1856年,年轻的菲尔德来到芝加哥,这座不可思议的城市刚刚开始迈开它空前的发展步伐。当时的城市居民大约只有85000人,数年以前它

不过就是印第安人的一个贸易村。但是这座城市的发展却突飞猛进，其速度之快就连最为乐观的居民也始料未及。空气中到处都弥漫着成功的气息，许多贫困孩子在这里取得了巨大成功。这唤起了菲尔德的理想抱负，点燃了他想要成为一名伟大商人的心。

"如果别人能完成这些精彩的事情，"他自问道，"我为什么不能？"

纽约儿童法院的主任观护人在1905年的一次报告中说："让孩子离开不合适的环境是改造他们的第一步。"纽约防止虐待儿童协会在对五十多万儿童进行调查之后得出结论：环境的力量比遗传还强大。

即使是最强大的人也无法超越环境的影响。无论我们的多么独立，多么坚强，我们还是不断地被身边的环境所感染。就拿出身最好的孩子打比方，即使他拥有最优秀的遗传基因，如果由野人来抚养他，会有多少遗传基因中的优秀一面被保留了下来？如果他从婴儿时期就在一个野蛮的氛围里生活，长大后自然就会变得野蛮。

有一则故事讲一个出身名门的孩子，在婴儿时期被父母丢弃，被一只狼叼走，并将他与其他狼崽子一起喂养长大，这个孩子后来真的就体现出狼的所有特征——四肢着地行走，像狼一样嗥叫，像狼一样吃东西。

通常来说，我们会跟随生活当中相对比较强大的趋势起起落落。著名的诗歌"我是所有与我相遇的人的一部分"并不只是诗人的异想天开，这绝对是事实。所有的一切——听到的每一次讲座或谈话，每一个感动你生命的人——都会对你的性格造成影响，在这些交往或体验之后，你已经不再是原先的那个自己了。

多年以前，一群俄罗斯工人被俄罗斯一家造船公司送到美国学习美国造船技术以及美国精神。六个月之后，这帮俄罗斯人几乎与共事的美国技工相差无几。他们的野心、个性、个人主动性以及工作中的优异表现都得到了开发甚至进一步的提升。一年之后，他们回到了自己的国家，周围死气沉沉的环境开始对他们发挥作用。这些工人开始逐渐丧失对工作的激情和追求精益求精的愿望，只是变成按部就班的工人。他们除了日常工作之外，没有任何新的目标，他们被兴奋环境激发出来的理想抱负再次陷入沉睡状态。

如果你采访大多数的失败者，你会发现许多人的失败原因关键在于他们从未接触过令人振奋的环境，因为他们的野心从未被唤起过，或者因为他们意志不够坚强，不能在令人沮丧的不利环境下振作精神。我们在监狱与贫民院发现的大多数人都是受环境影响的典型范例，这些环境将他们体内最邪恶的部分激发出来，而不是最优秀的部分。

无论你在生活中做什么，一定要不畏任何牺牲，尽量待在一个能够唤起你内在潜能的环境里，一个能够激发你自我发展的环境里。你要同理解、相信你的人，帮助你发现自我以及鼓励你充分展示自我的人保持紧密的联系。这将对你到底是取得重大成功还是过平庸的生活起到决定性的作用。

轻松的环境看起来是个养人的好地方。但它充其量只是一个大鱼缸而已，没有活水源，也没有自己的发展空间，表面的平静之下，其实隐藏着巨大的危机。温室式的生活模式，最能弱化一个人的能力，限制一个人的发展。

人很容易受到环境的影响。人的天性中本来就有喜爱安逸、享受舒适的惰性。许多少年时满怀壮志、朝气蓬勃的人，最后之所以一事无成，大部分都是因为在安逸的生活、工作环境中待久了，渐渐地失去了斗志，缺少走出去为事业拼搏的勇气。再加上舒适的环境缺少激烈的竞争，人的思维能力和机变能力也渐渐地迟钝，失去敏锐性，最终，只能成为环境的奴隶，庸庸碌碌地走过一生。

有一个单位办公室门口摆着一个很大的鱼缸，缸里放养着十几条产自热带的杂交鱼。那种鱼长约三寸，大头红背，长得特别漂亮，惹得许多人驻足凝视。

一转眼两年时间过去了，那些鱼在这两年时间里似乎没有什么变化，依旧三寸来长，大头红背，每天自得其乐地在鱼缸里时而游玩，时而小憩，吸引着人们惊美的目光。

有一天，鱼缸的缸底被该单位头头那顽皮的小儿子砸了一个大洞，待人们发现时，缸里的水已经所剩无几，十几条热带鱼可怜巴巴地趴在那儿苟延残喘,人们急忙把它们打捞出来。怎么办呢? 人们四处张望了一下,发现只有院子当中的喷水池可以当它们的容身之所。于是,人们把那十几条鱼放了进去。

两个月后,一个新的鱼缸被抬了回来。人们都跑到喷水池边捞鱼。捞来一条,人们大吃一惊,简直有点手足无措了。两个月,仅仅是两个月的时间,那些鱼竟然都由三寸来长疯长到一尺来长!

人们七嘴八舌,众说纷纭。有的说可能是因为喷水池的水是活水,鱼才长这么长;有的说喷水泉里可能含有某种矿物质;也有的说那些鱼可能是吃了什么特殊的食物。

但无论如何,都有共同的前提,那就是喷水池要比鱼缸大得多。

环境可以塑造一个人,也可以毁灭一个人。如果生活在一个益于成长的大环境,能使人更好地成长,更好地发挥自己的才能。如果生活在一个不宜成长的狭小环境中,由于受环境影响,无法施展自己的才能,往往会自暴自弃。

二十几岁的年轻人,也许对现在所处的环境不满意,与其不断地抱怨坏环境,不如主动地适应环境,或选择环境,不断创造有利于自己的条件。

美国南部某州,每年举行一次番瓜大赛。一位农夫年年都是金奖得主,而且每次得奖后,都会把种子分给邻居,从不吝惜。有人问他为什么如此好心,不怕别人超过自己吗?

他说:"我这样做其实是在帮自己。"

原来,这位农夫的土地与邻居们的土地相连,如果别人家的番瓜品种都很差,蜜蜂在传花授粉时,势必使他家的番瓜受到污染,培养不成优质的番瓜。

环境的影响是巨大的,对植物如此,对人也是如此。有人说,在清华、北大住几年,哪怕不读书也能受到一些熏陶。的确如此,你是否属于优良品种,取决于你身边的人。假如你周围都是庸才,你因缺乏一流的沟通,终将变成庸才;假如你的对手都很弱小,你因缺少有力的挑战,终将变得弱小。

正在一家私人企业做主管会计的肖立,最近辞去了工作,进入刚进驻本市开展业务的一家大公司,重新从底层做起。朋友问他原因,他笑说:"老板不够狠。"原公司老板以温柔敦厚著称,某位经理因为收取回扣,造成了公司巨大的损失,证据确凿之下,被上司勒令离职。但是这位经理却是老板的校友,别有一番私人关系,自己理亏,还敢越级上奏,结果竟被留了下来,既往不咎。

还有几位资深员工,在该公司完全赶不上发展速度,已经到了每天早上到公司喝茶、看报纸过悠闲生活的地步。公司人事部门在专业评估后,请这几位退休,他们跑去跟老板哭诉。老板很有良心,又让他们留下来。

由于老板心地好,不会主动辞掉员工,公司数百名员工的平均年龄,竟然高达五十岁。放眼望去,白发者居多。虽然他也欣赏老板的慈悲为怀,但是几经考虑,这样的公司实在赶不上日新月异的时代,未来经营的危机很大,再待下去"就像坐上一班不久后一定会掉下山崖的慢车一样"。老板赏罚不分,仁慈到近乎懦弱,他工作起来也没有什么动力,于是牙一咬,投靠别的公司去了。

员工们每天面对着自然状态下的轻松工作环境,用不了多久,就失去了朝气,陷入了周而复始的单调生活状态中,变成了一群平凡而庸碌的人。即使中间还有有冲劲、有抱负的年轻的个体,时间一久也会被同化。这时再想出来,已经跟不上外面的节奏了,只能被时代无情地摒弃。

所以说,一个人要想有所作为,就不要去寻找容易的工作。安逸的环境,容易的工作没有多少压力,每天都轻轻松松,激发不了人的斗志,挖掘不出生命深处的潜力。

在任何情况下,我们都应该把自己放在能够焕发斗志的环境中。只有这样,才可以让我们渐渐走上发展事业的道路。另外,这样的环境也可以迫使我们慢慢克服自己身上的惰性,而不断地在压力中面对挑战,挖掘自身的潜力,开创出辉煌的业绩。

当然,这里说的环境不是狭义的,可以是人、事物、声音、光等。身处让自己放松、愉快的人和物中(可以不断提醒自己周围的人和物的优

点),热情的红色能提高情绪,舒缓的音乐能减缓烦躁,还可以在镜子里
观察自己的神态,不断赞美自己、鼓励自己。

延伸阅读:

做环境的主人

一个人的思考、感觉和行动都受环境的影响。一位专家曾经说明原
因:"我们努力工作是为了把环境改造得可以预测,因为要依赖环境的
帮助,才能使我们一天里所扮演的各个角色走得平顺。"

要改善你的环境要有很多方法:

桌子安排的方式要适合实际工作情况;

将干扰降至最小。让其他人知道何时打电话给你或来访最好,何时
让你单独一个人最好;

创造一个安静的环境。需要的话,采用办公室隔板或隔音屏风,降
低噪音;

控制室内气氛。确定室温很重要,调整到你喜欢的温度,同时要有
适当的灯光;

让周围环境愉快宜人,包括随手可拿到面纸、小点心、一罐水或使
空气芳香的薄荷。

照着做!很奇妙的,除非你是个人工作室,否则从来没有人征询你
对自己工作环境设计的意见。其实这点对你能否控制个人环境很重要。

家里的环境?也得引起足够的重视。你走进家里会看到什么?只是
走廊、乱七八糟的衣架和书桌、半开的厨门、以及破地毯吗?未来的12个
月里,你希望每天回家看到几次这样的环境?365次?这些家具、架子、桌
子,是不是结婚以来就从来没有变过?

用点想像力,说不定不花多少钱就能把你回家的第一感觉变得更
愉快,令人喜悦和鼓舞。一幅画、一张壁纸、一块桌布花不了多少钱,而
一个新的灯饰就能让你回家的第一印象一下子亮起来。

主动一点。你看你是控制了生活上的空间,还是受它们所控制?做环境的主人,降低压力,让你变得更有效率。

延伸阅读:

父母必读的5分钟教育暗示法

"五分钟暗示法"是日本一种对进入睡眠状态下的人通过暗示进行治疗的方法。进入睡眠状态,眼球会在眼皮内不停转来转去,如果在这个时候加以暗示,这些暗示就会对右脑产生作用。

这种暗示法适合父母用来给孩子建立信心,调整孩子不良习惯,如:调整厌食、调整尿床、调整心情、调整身体状况提高学习效果等。

五分钟暗示法要在入睡后立刻进行。有效时间为入睡后开始到入睡后30分钟。

首先,孩子睡觉的时候,母亲或家长坐在他的旁边,轻轻地抚摸他的头、肩、背部或额头等,并对孩子说:"妈妈抚摸你,你一定觉得很舒服。你乖乖地睡觉,你的心情真好,觉得非常舒畅。眼睑越来越沉重了,慢慢地张不开了。已经睡着了,心情很好地入睡了……"要一边抚摸孩子的身体一边这么说。

这时候,孩子会心情愉快地入睡。而是否心情愉快地入睡,看眼皮就知道了。你会看见眼皮在跳动,表示孩子进入了异象睡眠(REM)(即Rapid Eye Movement)的缩写。

当我们看见眼皮出现这种现象时,表示表层意识已经睡眠了,但是深层意识还在清醒着,如果在这时候给予暗示,会产生显著的效果。

暗示可以分为四个部分。

关键的暗示

"小宝贝已经睡着了,可是头脑还是清醒的,因此能够听到妈妈所说的话,而且能够完全地进入脑海中。"

进入关键性的暗示非常重要,否则即使头脑是清醒的,如果把应该听取的话当作不必要的资讯让它流走,就很可惜了。

爱的暗示

接着，进行爱的暗示，可以对孩子说："某某小宝贝，你是妈妈的心肝，也是爸爸的心肝。"

告诉自己的小宝贝，家中的每个人都很喜欢他。如果有上幼儿园或托儿所的孩子，也可以告诉他班主任和班上的同学们都非常喜欢他。

一体化的暗示

接着，进行一体化的暗示："宝宝的心和妈妈的心总是连结在一起，所以你一点也不寂寞，不必担心任何事情，妈妈陪你读的书，你完全都记住了，而且记得很仔细。要用的时候就会拿出来。"

一体化的暗示在孩子的内心深处，可以传达从胎儿时期就建立起来的感情，孩子的心里充满了母亲的爱，这是可以让孩子安心的暗示。这种暗示可以让孩子的情绪变得安定。

看见完全映像的暗示(矫正的暗示)

想像着孩子完全改变之后的姿态："某某现在在做梦，某某现在非常有朝气，很愉快而温柔地和大家玩在一起。"

如果是不会说话的孩子，想像着他会说话，和大家愉快地聊天的姿态。

对于肥胖的孩子可以这么说："吃饭的时候要慢慢吃，必须要充分地咀嚼食物，才能够充分品尝食物的美味，而且只吃一点肚子就饱了。"由于想像着孩子慢慢地吃，而且吃少量就有饱足感，孩子就会吃得少。

晚上会尿床的孩子，可以这么对他说："想要小便的时候，就自己起床到厕所去。"等等。

如果没有效果，就要考虑以下的情况：

①忘记说关键的话。

②虽然给予爱的暗示，但是孩子的内心还是很紧张。

③母亲暗示的声音和平常的声音不一样，有如戏剧中演员的声音，最好采用自然的声音。

④用了"一定要""必须要"等命令式的言辞。这时候，要用断定式的言辞。

第四章

积极的暗示,从抵制消极暗示开始

健康的、积极的暗示会帮助你自己,有害的、消极的暗示会让你丧失斗志。由于我们的潜意识"好坏"不分,照单全收,所以,学会积极的暗示尤其重要,用积极暗示影响自己的同时,也要学会抵制时刻涌上心头的消极暗示。

做到了这两点,你就能在生理、心理和道德上获得健康、幸福和成功。

消极暗示让你打败自己

谈这个话题前,也许有人会说:"谁愿意给自己消极暗示呢?只是生活中不如意的事情太多了。"的确,生活中的非理性因素实在是太多了,以至坏情绪常常在不经意间来到我们的身边。

但是,坏情绪并没有那么可怕,可怕的是因为坏情绪导致的消极暗示,那才是打败自己的强大力量,轻则破坏我们良好的心境,重则破坏人与人的关系,甚至伤害他人;对集体而言,坏情绪往往相互感染,破坏团队的凝聚力，把团队引进坏情绪的包围圈，让我们遭遇失败。

第一、消极的暗示会对你的心理和身体造成危害

你的潜意识是全能的，它能解决你的所有问题，但是，它自己并不知道这一点。它不会跟你争吵，不会跟你交谈，它也绝对不会拒绝你给它留下的任何暗示。

当你说"我做不到"、"我现在太老了"、"我履行不了这一任务"、"我出身贫寒"、"我不了解真正的政策"时，你的脑子里就充满了消极思想，你的潜意识也会做出相应的反应。实际上，你堵住了自己的前进之路，并亲手把缺乏、限制和挫折引入了你的生活。

如果你的意识出现了障碍，也就等于否定了潜意识的无穷智慧。你实际上是在说潜意识没法解决问题，这会使你的精神和情感负担过重，继而引起身体和心理疾病。

第二、消极的暗示，会影响你的人际

作为社会中的一员，每个人都不可避免地要和他人交往，总是暗示自己"我不愿意和人打交道"或者"我无法和人交往"，慢慢的，你就会变得自我封闭、情感匮乏，没有良好的人际关系，没有充足的信息来源，没有充沛的激情，不敢介入社会生活，不愿找机会多接触和了解他人，当然也不能在与他人的交往中获得益处。

1.为什么我们容易接受消极暗示——自我挫败的三大因素

随便拿起一张报纸或者转到某个频道，你都会发现无数消极的报道，这些报道不断在你心中播下焦虑的种子，叫你寝食难安，如临大敌。你的内心一旦接受了这些信息，就会觉得生活索然无味，充满悲观和绝望。

但是一旦你有效地抵制了这些信息，你就会惊喜地发现，生活向你敞开了通往康庄大道的大门。你完全可以依靠自己内心的力量来把这些有害念头拒之门外，而你需要做的，不过是给自己一些积极的自我暗

示而已。

要经常反思一下，他人都给了你哪些消极暗示？你是不是很容易就被这些消极的外源暗示影响到？

我们每个人从小到大都或多或少地遭遇过这种情况。你好好想一下的话，很容易就会回想起，你的父母、朋友、亲人和同事都曾给过你很多消极暗示。好好研究研究他们都对你说了些什么，以及这些话语到底暗示了什么，你会发现，他们对你发表的那些所谓言论不过是一种宣传，其目的是为了吓到你，然后才能控制你。

这类来自他人的暗示每时每刻都在发生，无论是在家里，还是在办公室、工厂或者俱乐部……你会发现，人们总是自觉或者不自觉地给出许多这类暗示，而这些暗示的目的，归根结底都是一样的，就像上面提到的那样，都是为了让你按他们的希望去思考，去感受，去行动——即使那说不定对你有害。

但是，为什么我们偏偏那么容易接受这些消极的暗示呢？为什么我们习惯做个"我不行"的人呢？

这一切，都源于自我认知而产生的焦虑——有时候我们很难分辨什么是自己真正想要的，什么是不想要的，因为这牵涉太多外在的期望和压力。

然而，你必须在心底有明确的界线，这样才能有效地抵抗那种外来的消极暗示。

自我界线一：一个人不可能事事都得到每个人的理解和赞许

一个人不可能事事都得到每个人的理解和赞许，但是，如果你认识到自己的价值，在得不到理解和赞许时便不会感到沮丧。不会轻易接受消极的暗示，而是把反对意见视为一种自然现实，因为生活在这个世界上的每一个人都对世事有自己的看法。

理解固然是很美好的，谁不渴望理解呢？

然而，事实上由于年龄、性格、职业、知识结构、品德修养、生活经历等等因素的影响，人和人之间有时是很难互相理解的。

脆弱的人把许多精力放在"求理解"上，到处自我表白，宣扬自己，把别人不理解自己当做最大的痛苦。

如果你过分希望得到理解，得到他人的赞成或默认，当你未能如愿以偿时便会十分沮丧。这正是自我挫败原因之所在。同样，当寻求理解成为一种需要时，你就会产生惰性。这是将自我价值置于别人控制之下，由他人随意抬高或贬低，只有当他们决定施舍给你一定的理解之辞时，你才会感到高兴。

一只老猫见到一只小猫在追逐自己的尾巴，便问："你为什么要追自己的尾巴呢？"

小猫答："我听说，对于一只猫来说，最为美好的便是幸福，而这个幸福就是我的尾巴。所以，我正追逐它，一旦我捉住了我的尾巴，便将得到幸福。"

老猫说："我的孩子，我也曾考虑过宇宙间的各种问题，我也曾认为幸福就是我们的尾巴。但是，我现在已经发现，每当我追逐自己尾巴时，它总是一躲再躲；而着手做自己的事情时，它却总是形影不离地伴随着我。"

同样的道理，如果你希望得到理解，最为有效的办法恰恰是不去渴望、不去追求，不要求每个人都理解你。只要你相信自己，并且以积极的自我形象为指南，你便可以得到许许多多的理解。

自我界线二：在大是大非面前，一定要保持自己的原则

若想朋友之间长久交往，温良恭俭让的谦和之德与礼貌之举是必不可少的。不过，朋友之间如果只是一味地重视礼让，不但贬低了自己，而且丧失了原则，恐怕更加糟糕。所以，朋友间的交往要恰如其分，不强交，不苟绝，不面誉以求新，不愉悦以求合。

朋友之间在非原则问题上应谦和礼让、宽厚仁慈，多点糊涂。但在大是大非面前，则应保持清醒，不能一团和气。见不义不善之举应阻之正之，如力不至此，亦应做到不助之。如果明明知道有人在行不义不善之事，却因他是长辈、上司、朋友，即默而容之，这就是一种很自私的趋避。有时候，立定脚跟做人的确是会冒风险的，也可能会受到暂时的委屈，受到别人的不理解。但是,这种公正的品德最终会赢得人们的尊敬的。

有一次,唐太宗李世民与吏部尚书唐俭下棋。唐俭是个直性子的人,平时不善逢迎,又好逞强,与皇帝下棋时使出自己的浑身解数,把唐太宗打了个落花流水。唐太宗心中大怒,想起他平时种种的不敬,更是无法抑制自己,立即下令贬唐俭为潭州刺史。还不解恨,又找来尉迟恭让他去唐俭家一次,听唐俭是否对自己的处理有怨言,若有,即可以此定他的死罪。

尉迟恭听后,觉得太宗这种做法太过分,所以当第二天太宗召问他唐俭的情况时,尉迟恭只是不肯回答,反而说,陛下请你好好考虑考虑这件事,到底该怎样处理。唐太宗气极了,转身就走。尉迟恭见了,也只好退下。

唐太宗回去后,一来冷静下来自觉无理,二来也是为了挽回面子。于是大开宴会,召三品官入席,自己则主宴并宣布道:"今天请大家来,是为了表彰尉迟恭的品行。由于尉迟恭的劝谏,唐俭得以免死,我也由此免了枉杀的罪名,并且彰显了我知过即改的品德,尉迟恭自己也免去了说假话冤屈人的罪过,得到了忠直的荣誉和绸缎千匹的奖赏。"

唐太宗这样做,当然主要还是为了显示自己的"明正"。

尉迟恭这样做当然是为了唐太宗好,但也是为了自我保护,假如尉迟恭真的按唐太宗的"恶"去做,又怎知唐太宗某天"改恶从善"起来,不治罪尉迟恭呢?

与朋友相处也是一样。如果是真心待人,就应该对他加以爱护,不但帮助他渡过重重难关,而且也要帮助他克服重重困难,天长日久,朋友们自然会了解你的为人和品格,也包括上司和同事。

自我界线三:生气是用别人的过错来惩罚自己。

有一句名言说"生气是用别人的过错来惩罚自己"。老是念念不忘别人的坏处,实际上最受其害的就是自己的心灵,搞得自己痛苦不堪,何必呢?

这种人,轻则自我折磨,重则就可能导致疯狂的报复了。乐于忘记是成大事者的一个特征，既往不咎的人，才可甩掉沉重的包袱，大踏步地前进。

人是要有点"不念旧恶"的精神的，况且在人与人之间，在许多情况下，人们误以为"恶"的，又未必就真的是什么"恶"。退一步说，即使是"恶"，对方心存歉意，诚惶诚恐，你不念恶，礼义相待，进而对他格外地表示亲近，也会使为"恶"者感念你诚，改"恶"从善。

唐朝的李靖曾任隋炀帝时的郡丞，最早发现李渊有图谋天下之意，便向隋炀帝检举揭发。李渊灭隋后要杀李靖，李世民反对报复，再三请求保他一命。后来，李靖驰骋疆场，征战不疲，安邦定国，为唐王朝立下赫赫战功。魏征也曾鼓动太子建成杀掉李世民，李世民同样不计旧怨，量才重用，使魏征觉得"喜逢知己之主，竭其力用"，也为唐王朝立下丰功。

宋代的王安石对苏东坡的态度，应当说，也是有那么一点"恶"行的。他当宰相时，因为苏东坡与他政见不合，便借故将苏东坡降职减薪，贬官到了黄州，搞得他好不凄惨。然而，苏东坡胸怀大度，他根本不把这事放在心上，更不念旧恶。王安石下台后，两人的关系反倒好了起来。苏东坡不断写信给隐居金陵的王安石，或共叙友情，互相勉励，或讨论学问，十分投机。苏东坡由黄州调往汝州时，还特意到南京看望王安石，受到了王安石的热情接待，二人结伴同游，促膝谈心。临别时，王安石嘱咐苏东坡：将来告退时，要来金陵买一处田宅，好与他永做睦邻。苏东坡也满怀深情地感慨："劝我试求三亩田，从公已觉十年迟。"二人一扫嫌隙，成了知心好朋友。

相传唐朝宰相陆贽，有职有权时曾偏听偏信，认为太常博士李吉甫结伙营私，便把他贬到明州做长史。不久，陆贽被罢相，被贬到了明州附近的忠州当别驾。后任的宰相知道李、陆有这点私怨，特意提拔李吉甫为忠州刺史，让他去当陆贽的顶头上司，意在借刀杀人。不想李吉甫不记旧怨，上任伊始，便特意与陆贽饮酒结欢，使那位现任宰相的借刀杀人之计成了泡影。对此,陆贽自然深受感动,他便积极出点子,协助李吉甫把忠州治理得一天比一天好。李吉甫不搞报复,宽待别人,也帮助了自己。

最难得的是将心比心,谁没有过错呢?当我们有对不起别人的地方时,是多么渴望得到对方的谅解啊!是多么希望对方把这段不愉快的往事忘记啊!我们为什么不能用如此宽厚的理解开脱他人?同时也是开脱了自己!

古往今来,不计前嫌、化敌为友的佳话不胜枚举。以古为鉴可以让我们明白事理,明辨是非,把握前途。

2.战胜自我的三大法宝——不做消极暗示的奴隶

不论是不是天性使然,限制你自己、不做完全努力,还是对自己消极暗示,或者接受了消极的暗示,就是一种自暴自弃的行为。

下面三个法宝可以轻松帮助你打破自我设限,战胜自我。

法宝一:抽出时间来独处

一个人越是不同凡俗就越伟大,也越孤独。孤独使他更加深刻、更加明智地观察生活的高度。

也许是因为我们人类的孕育过程是孤独的,要独自在母体中进行孤独的预演,而不像群生的浮游生物那样,从生命形成的一刹那,就生活在一个群体中,处于一种"社会化"的状态,因此,伴随我们人生的,除了社会之外,也还有孤独。

这种深层次的孤独促使着我们在生活中要有适当"孤独",一个人独处。

一个人适当地独处,对我们的人生,不但没有坏处,而且对于涵养一个人的沉思气质和培养一个人独立思考的能力、习惯,都有很大的好处。

人是社会的人,需要在社会里才能健康成长。但不知道你是否留意,婴幼儿是很喜欢一个人玩耍的,即使有家长或别的孩子在场,他也很少顾及。这或许是孩子在母体中独处的一种记忆吧!老人不喜欢孤独,但却喜欢独处,也像是对母体中独处的一种美好回忆。在生命的起点和终点,我们都表现出一种生命原本的色彩。这不能不说是个很有趣的现象。

我们所以说适当的"孤独",为的是和诸如幼年丧母、中年丧妻、老年丧子以及由于各种各样的原因而被抛出人群的茕茕孑立的孤独相区别,后一种孤独对人生只有坏处。

适当的孤独,是人生某种独特价值的秘密阵地,是容纳难以摆脱的情感的容器。这种孤独,在繁琐的世界中寻找简练,在闹市中寻找静区,在世俗的冲击中寻找脱俗,在违心的随俗中寻找自洁,在不平的人生遭际中寻找平静。可以说,适当的孤独是我们人生的一种修炼。

适当的独处,不是陷入某种所谓的境界中而无力自拔,无力自拔不是一种人生境界,而是对人类理性的弃绝,对红尘的厌恶。适当的孤独,是对人生爱极的表现,是推动人类文明、修炼我们人生的一种内驱力。

试想一下,在劳碌了一段时间后,避开纷杂的人事,在某个安静祥和的环境中,一个人静静地待着,什么都可以想,什么也可以不想;不想说的话不说,不想做的事不做,不想见的人不见;没有人世间的尔虞我诈,只有一个人的世界。这,是不是一种境界?

在你适当的独处的这段时间里,你可以好好审视一下你过去的人生,好好设计一下你未来的人生;你可以想想自己过去的人生中,哪些人、事、物给你留下了美好的感情,又有哪些人、事、物使你不堪回首;你也可以像世间所有的杰出人物一样,热情奔放地面对生活,同时又同自己的心灵悄悄对话。

当然,你不会忘记,你"适当的独处"并不是目的,不是为了远离人群,恰恰相反,适当的独处是为了更好地与世间的人同歌共舞,是为了在人间更高的腾飞。

所以,如果你想更客观、更真实地观览人生,观览人世,审视自我,为你人生的再度升华提供食粮,你可以暂时地拉开一段与尘世的距离,去适当地独处一阵。之后,你会发现自己飞得更高了!

法宝二:告诉自己"不做别人想法的奴隶"

你做了某件事情、某一次选择,你可能会想:"我这么做了别人会怎么想呢?"

这种想法的确是一种最普通、最常见,而且也是一种最具破坏性的消极的心理暗示。它可以说是无孔不入、无所不包的。

我必须每天出门,否则,邻居会认为我可能在家里干着见不得人的事情;

在会议上我不能多发言,因为我一说话,别人就会认为我爱出风头;

那件衣服我虽然很喜欢,但它太时髦,别人会议论我的;

……

人生中这种"别人"式的想法是一种强而有力的牢笼。如果我们按着这种想法,就可以解释生活中的许多现象。它能解释为什么这个世界上有如此多的雷同和整齐划一,它能解释为什么很多妇女热衷于模仿别人的发型,为什么推销员都会用几乎一模一样的方法来推销,不管是丝袜还是家电,它还能解释为什么人们会一直活在令人极其厌烦、不愉快、不满足的生活状态之中。

这种"别人会怎样想"式的思维模式会伤害我们的创造力和我们的人格,把我们原有的创造能力破坏殆尽。

我们生活中的大部分人不仅被别人会怎么想所左右,而且,我们在生活中也常常听取那些不够资格的人的忠告。

到处都会遇到忠告,你的邻居、你的亲戚、你的同学、你的同事、你的上司、你的下属,差不多你所认识的每一个人,都会热心地给你忠告。你做每一件事情都可能会听到忠告,你新找了一个工作、你新买了一家公司的股票、你最近买了一样家具、你给孩子找了个家教……

忠告几乎遍及你生活中的每一件事情。你至少拥有一个排以上的热心、自愿且不用支付薪水的"顾问",这些人来帮你,做关于你的"自我约束、自我管理"方面的种种事宜。

你需要清醒的是,你的"顾问团"成员往往也仅仅知道事情的一点皮毛而已。如果你是一个心理上不很成熟的人,往往会盲从这些自我推荐、自告奋勇而且属于"义务者"的顾问们的忠告。你不相信自己,也不想听听学有专长的专家们的建议,反而对这些三流、四流甚至不入流的人物言听计从,这岂不是你人生的悲剧?

以下是你避免成为别人想法奴隶的具体做法:

第一,"别人"不是先知先觉的上帝,他们往往是道听途说的积极追随者。如果你活在"别人的想法"中仍然非常愉快,那么你尽管模仿邻居的生活吧。否则,你就需要自己的生活方式、做人态度。只要你的所作所为没有伤害他人,你就可以随自己高兴,想怎么做就怎么做,这跟"别人"有什么关系?

第二,你生活的地位越高,甚至成为公众人物,批评你的人也会越多,被人在茶余饭后当做谈资的机会也越多。"被别人批评"本身就代表着你已经被别人羡慕。

第三,选择一些不相信闲言碎语的人做朋友。你周围生活着这么一批人,将有助你不再对别人的想法过于在意,更不会恐惧。

最后,你需要记住:所谓的"别人"们通常有更多的事情正等着他们自己应付。那些事情比你遇到的问题麻烦得多,他们这时正坐在屋里发愁呢。

法宝三:增进自我接受感,做自己的精神富翁。

在这个世界上,有些人不喜欢自己,因为他们无法接受自己。

不接受自己的人,常常心情郁闷,对生活中的一切都没兴趣;他认为自己思想怪诞,怀疑自己患有某种精神病,他还抱怨周围的亲友、同事、邻居不能理解他等等。实际上,他没有任何精神病,问题在于他不能接受自己,从而影响到他对别人的接受,并进而产生其他方面适应的困难。由于他不曾意识到这点,产生心病,表现出自暴自弃的倾向。

可见,对所有人来说,正确评价自己、接受自己至关重要。它关系到建立正确的自我观念,适应环境,促使性格健康发展。接受自己,去除自卑感,是精神健康的重要保证。

怎样才能增进自我接受感呢？

首先，要克服完美主义。

明白自己不可能做到十全十美。因为这世界并不完美，家人、友人一样有缺点。十全十美是可遇而不可求的，所以，应当知足常乐。

要容忍体谅，不但要与他人相处融洽，亦要做到对自己的行为不致苛求。不要做时钟的奴隶，尽可能地在时间限制内完成工作，记住"欲速则不达"。要明白讨好所有的人是不可能的，根本不必去尝试。"受欢迎"的本意是使他人赏识你的本人，而不是你的最好表现。尝试一下"言所欲言"，坦诚和直率能消除许多障碍与心理压力。要对自己有信心，你和任何人一样有可取之处。勿过分自责，任何人都有彷徨的时刻。不必为"爱"与"恨"过分担心。勿自悲自怜，你的遭遇并不重要，你对遭遇的反应才是最重要的。

其二，要做到真正了解自己。

自知者明，自胜者勇。你可以通过比较法（与同龄、同样条件的别人相比较）、观察法（看别人对自己的态度）、分析法（剖析自己，了解自己的工作成果）等来认识了解自己。

其三，要树立符合自身情况的奋斗目标。

这样会使你有机会充分发挥自己的才智，力所能及的胜利能增加你的自信心。

其四，要不断扩大自己的生活经验。

每个人都要经历适应环境的过程。在这一过程中你也许发挥了才干，也许暴露了缺陷。这没关系，正反两方面的经验和教训都将促进你对自己的了解。

最重要的，是诚实坦率、平心静气地分析自己。要有勇气承认自己在能力或品质上的缺陷，肯定自己的长处，扬长避短。

幸福的富有并不单指物质富有，还包括精神富有，物质的富有只是满足了人的需求的欲望，而精神富有让人感到生活更充实、快乐，这样的人生更有意义。

精神的富有包括很多内容，成功学大师拿破仑·希尔为我们列出了以下几点：

(1)你可以对自己有很高的评价

成功的人物都会对自己有很高的评价。这需要积极的思想做动力。你有了这种思想，就会一直超越、一直前进。这些积极性的思想包括，在我所认识的人中，你最有资格做这件事情，你要把自己的奋斗目标定得更高些……

你要常问自己，我是否已经使用了我最大的智慧与能耐呢？如果答案不是百分之百的话，那么你就应该做些改变才行。而首要的改变就是，把消极思想换成积极思想。所谓消极思想包括：我的条件还不具备做那件工作；我将一直处在贫穷之中；比我更具资格的人真是多如过江之鲫。你一旦陷入这样平庸的思想之中，将会停滞不前，直到你的思想有改变为止。

(2)你可以让自己显得很重要

每个人都认为自己很重要。但是，只有当人们感到迫切需要你的时候，你才真正变成很重要了。为达到这个目标，有两个办法可供参考：一是自己提高自己的知名度。首先你要吃透一个"习俗"：那些忙碌的人物，都被看成是人们最迫切需要的人。利用这个习俗，你可以找到提高知名度的有效办法。那就是，你可以为自己制造一种忙碌的形象，使别人知道你的顾客很多，你的崇拜者很多……总之，任何你所想要的美好事物，都给人留下一种"你已经有了很多"的印象。

人们都喜欢跟那些兴旺的人打交道，你越兴旺跟你打交道的人越多，跟你打交道的人越多，你就越兴旺。一旦人们知道你是他们迫切需要的人时，你的事业也就跟着繁荣兴旺起来了。如此良性循环下去，你目前的繁荣兴旺就会引来更大的繁荣兴旺，造成你的事业永远昌盛不衰。

一个人能不能获得成功，并不在于他目前已经拥有了多少，而在于他正在计划要得到多少，这才是成功的关键。为此，你应该制定一个增加自我价值的计划，全速向真正美好的生活之路前进。这样，世人将给我们怎样的评价呢？回答是：正等于我们对自己的评价。

自我评价决定了别人对你的评价，这是一条定律。别人对你的评价高了，正显出你的重要。

(3)你可以有充分的自尊

对于每个成功者来说，最珍贵的财产就是对自我的尊敬。只要能保持这份自我尊敬，你就能保持完美生活所必需的诸种要素：拥有朋友，被人崇拜以及被人接纳。

其实这些精神财富，每个人都是可以拥有的，每个人都能让自己富有起来，自己在其中应充当主人的角色。

把积极暗示"放进来"，消极暗示自然会"逃走"

尽管人人都希望快乐如意，但无论怎么努力，怎么平衡，还是有一些悲伤和痛苦是无法避免的。但是不必要因此就给自己消极的暗示，换个角度看问题，我们同样可以在这些烦恼和痛苦中找到属于自己的积极暗示。

就像我们虽然不能赶走室内的黑暗，但我们只需把光明放进去，黑暗自然就会逃走！打破我们的消极心态也是如此，只需把积极暗示"放进来"，那么消极的暗示自然就会"逃走"。

1.挫折，是为了更大程度地激发你的潜能

人生路上那些大大小小的挫折，不正是一种惩罚吗？

上天惩罚你，并不是因为你犯了错误，而是为了最大限度地激发你

的潜能。

有一位年轻人，从儿时起就怀有一个梦想，希望自己能够成为一名出色的赛车手。长大以后，他才知道想做一名赛车手并不容易，没有一定的实力和经济基础是办不到的。但他并没有放弃梦想，选择了在一家农场开车。在工作之余，他一直坚持参加业余赛车队的技能训练。每逢遇到车赛，他都会想尽一切办法参加。但因为技术问题，他无法取得好的名次，不仅没有什么收入，还欠下了一笔数目不小的债务。

在如此窘迫的情况下，他依然抱着自己的信念不放弃，一如既往地坚持练习。有一年，他参加了威斯康星州的赛车比赛。当赛程进行到一半的时候，他的赛车位列第三，他有很大的希望在这次比赛中获得好的名次。也许这将成为他人生的一个转折点。

突然，他前面的两辆赛车发生了事故，撞到了一起。看着前面的滚滚烟雾，他迅速地转动方向盘，试图避开这场灾难，但由于车速太快，他撞上了车道旁的墙壁。

当他被救出来时，手已经被烧伤，鼻子也不见了，全身烧伤面积达40%。医生做了7个小时的手术，才把他从死神的手中拽了出来。

经历这次事故，他尽管保住了性命，可手却萎缩得像鸡爪一样。而且医生告诉了他一个残酷的现实："以后，你可能再也不能开车了。"

一名赛车手握不住方向盘，和一名拳手失去了双臂有什么区别呢？然而，他并没有因此而绝望。为了心中的梦想，他决心继续自己的赛车生涯。他接受了一系列植皮手术，为了恢复手指的灵活性，他每天都用残缺的手不停地抓木条，有时疼得大汗淋漓，但仍然坚持。

在做完最后一次手术之后，他回到了农场，用开推土机的办法使自己的手掌重新磨出老茧，并继续练习赛车。

仅仅是在9个月之后，他又重返了赛场。他首先参加了一场公益性的赛车比赛，但没有获胜，因为他的车在中途意外熄火。不过，在随后的一次全程200英里的汽车比赛中，他得了第二名。

两个月后，仍是在上次发生事故的那个赛场上，他满怀信心地驾车驶入赛场。经过一番激烈的角逐,他最终赢得了250英里比赛的冠军。

当他第一次以冠军的姿态面对热情而疯狂的观众时,禁不住流下了激动的眼泪。一些记者纷纷将他围住,并向他提出一个相同的问题:"在遭受那次沉重的打击之后,是什么力量使你重新振作起来的呢?"

此时,他手中拿着一张比赛的海报,上面是一辆赛车在迎着朝阳飞驰。他没有回答记者们的提问,只是微笑着用黑色的笔在图片背后写上一句凝重的话:把失败写在背面,我相信自己一定能成功!他就是美国颇具传奇色彩的伟大赛车手——吉米·哈里波斯。

吉米正是一个冲破了瓶颈的幸运儿,为什么说他幸运呢?因为他是为数不多的可以把挫折当成机遇的人。

一个赛车手连手指都粘连在了一起,还有什么希望?这是大多数人的想法,而且相信很多人遇到这种情况,都会放弃赛车生涯。此时,一定会有人站出来说:"连双手都无法正常使用了,怎么可能开车呢?"

的确,这个理由看似无懈可击。但我们分析一下,吉米为什么没有放弃?因为他关心的不是手还能不能用,他关心的只是自己还能不能开车。

他认为:既然手没有残废,那么就还有可能重返赛场,不就是手指粘连在了一起吗?还有手术刀可以将它们分开。手虽然不能正常握住东西,但是只要勤加练习,就有可能改善。

吉米想的是:为了重返赛场,我能做什么?而消沉的人则会想:我的手指都粘在一起了,还能做什么?这就是心态的差异。我们可以肯定地说,吉米就算失去了双手,也依然不会放弃自己的梦想。因为失败对他来说,不是致命的打击,而是转变的契机:这不正是要让我更加努力吗?

斯巴达人的小孩生活到七岁,就必须离开自己的母亲,接受严格的军事训练。在军队里绝对毫无人情可言,任何人都是同等待遇,弱者不会得到同情,只会被淘汰。所以在训练格斗的时候,大人允许小孩使用一切手段将对手击倒,只要不致命就可以了。斯巴达的军事化教育,最有特点的就是鞭刑,这是每个小孩必须经过的一关。无论你是平凡还是优秀,鞭刑都是人生的必修课,这是为了让你熟悉痛苦的滋味,当敌人的刀剑刺伤你时,你就不会再感到恐慌了,因为这种感觉你早已熟悉,你需要做的就是用你手中的武器,击败对手。今天你被鞭挞,为的是将这种痛苦带给未来的敌人……所以,斯巴达人面对战争,从来不会感觉到恐惧,而真正克服了恐惧的勇士,才拥有最可怕最无穷的力量。

在这里,我们并非要学习斯巴达人的极端方式。只是触类旁通,我们不难发现,这种鞭刑的惩罚,正好激发了斯巴达人的潜力。而人生路上那些大大小小的挫折,不正是一种惩罚吗?上天惩罚你,并不是因为你犯了错误,而是为了最大限度地激发你的潜能。

有一句名言:"世上每个人都是被上帝咬过一口的苹果,都是有缺陷的人。有的人缺陷比较大,是因为上帝特别喜爱他,所以咬得深了一些。"

这让人想起美国著名的园艺师阿尔伯特。阿尔伯特读小学时,老师专门找到他的父母说:"你孩子的智力测验结果证明,他不适合再待在学校里了。"于是他只好待在家里,每天在后院与花草为伍。

17岁那年,阿尔伯特经过市政厅前,发现有一块空地长着杂草,于是主动找到负责人说:"把这块空地交给我来打理吧,我不要一分钱!"负责人想这块地反正也一直空着,就交给他吧。于是阿尔伯特拿起工具,将整个草坪修葺一新。

某天,市政厅召开会议,很多政治名人到场,其中不少人都对这块"园林艺术"表示了浓厚的兴趣,并且认为这一定是出自大师的手笔。可当阿尔伯特出现在人们的视线中时,谁也没有想到,原来这个园艺作品竟然是一个未成年人的处女作,而且他居然连小学都没有毕业。

此后,阿尔伯特开始正式接触园林艺术,并且凭借自己惊人的天赋,创作了一个又一个园艺杰作。尽管他学历不高,甚至智商都存在问题,但是谁也无法抹杀他在园艺上的杰出才能。

阿尔伯特在接受采访时说:"我知道有人总在拿我的智力当笑柄,但是我绝对相信,这是上帝的精心安排。假如我是一个聪明人,或许早已因为自负而变得平凡,上帝给我的天赋岂不早被埋没了吗?"

世界文化史上有著名的三大怪杰,文学家弥尔顿是瞎子,大音乐家贝多芬是聋子，天才的小提琴演奏家帕格尼尼中年后是哑巴，如果用"上帝咬苹果"的理论来推理，他们也都是由于上帝特别喜爱，而被狠狠地咬了一大口。上帝这一口可不是白咬的，他一定会补偿一种让你足以鹤立鸡群的天赋。

有一则笑话描写鸭子和螃蟹赛跑，鸭子步伐较为敏捷，于是绕着环形体育场跑开了，螃蟹速度自然要慢许多，但却是横着走，于是二者同时到达终点，不分胜负。随后二者找到裁判，要求必须见个高低，于是裁判说："那你们就玩剪刀、石头、布的游戏，谁赢谁就是冠军。"这时鸭子反对说："这可不行！我怎么出都是布，螃蟹怎么出都是剪刀！"

很多人听完笑话，一笑了之，却并未思考这笑话中的奥妙。要是论速度，鸭子很明显胜螃蟹一筹，但要是玩剪刀、石头、布的游戏，那么鸭子永远也赢不了螃蟹。这就正好说明，每个人都具有不可替代性，所以一个人应该认识到自己的长处，而不是揪着自己的短处不放。你的短处并不是让你自卑的，而是让你认识到自己的优势无人可及。

有一位作家说："上帝总是用心良苦，他给你一分天才，便会搭配几倍于天才的苦难和磨砺，让你认识到这一分天才是多么宝贵和无可替代。"

因此，当你遇到不如意时，不必怨天尤人，更不能自暴自弃，最好的办法就是告诉自己：我是被上帝咬过的苹果，只不过上帝特别喜欢我，所以咬的这一口更大些罢了。

2.不要老盯着"关上的门"，把目光投到"打开的窗"

心理学家马丁·塞利格曼认为，对自己和世界的乐观看法，就像一副坚固的盔甲，他能保护我们不被抑郁、自卑、失望和挫折所压倒。乐观者的心胸是开阔的，白天能照进阳光，夜晚能仰望星空。而悲观者则相反，哪怕只是一块窗帘挡住了光明，他们也会认为世界一片漆黑。

正如海伦·凯勒所说："没有一个悲观的人发现过星星的秘密，寻找过一个从未在地图上出现的大陆，或者向人类打开一扇新的通往天堂的大门。"

而发明电话机的贝尔曾说："当一扇门关上的时候，另一扇窗就会打开，可是我们常常如此长久地、怀着懊恼和悔恨盯着那扇关上的门，以至于看不见那扇正在向我们敞开的窗。"

当上帝关上门的时候，一定在某个地方打开了一扇窗。上帝关上这扇门，是警示你选择的道路和方法错了；为你打开一扇窗，是为你展现新的愿景和出路。

古时有一位国王，梦见山倒了、水枯了、花也谢了，他不知是吉兆还是凶兆，便叫来王后给他解梦。王后一听，大惊失色，说道："山倒了暗示江山要倒；水枯了暗示民众离心，因为君是舟，民是水，水枯了，舟就不能航行了，也就是说，百姓不再拥戴国王了；花谢了暗指好景不长了。"国王听后，惊出一身冷汗，从此病倒了，而且病情日渐严重。

一位大臣来看望国王，国王在病榻上说出了他的心事，大臣听后，竟然大笑道："这梦是大吉大利啊！山倒了指从此天下太平；水枯了，真龙就要现身了，国王，您是真龙天子啊！花谢了——花谢见果呀！"国王听后，舒心地笑了，身体很快就康复了。

这就如同"水杯是半空，还是半满"的辩证道理一样，拥有积极心态的人看见半杯水，会说："啊，原来还有半杯啊！"而悲观之人则会叹息："唉！怎么只有半杯呢？"同是失去半杯水的挫折，却有两种不同的声音。这不仅是悲观者和乐观者的差异，也是一种心态的差异。

美国成功学大师拿破仑·希尔说过："人与人之间只有很小的差异，但是这种很小的差异却造成了巨大的差距！很小的差异就是所具备的心态是积极的还是消极的，巨大的差距就是成功和失败。"

有一个关于"成败"的故事。

威尔逊先生是一位成功的商人，他从一个普普通通的事务所的小职员做起，经过多年奋斗，终于拥有了自己的公司、办公楼，并且受到了人们的尊敬。

有一天，威尔逊先生从他的办公楼走出来，刚走到街上，就听见身后传来"嗒嗒嗒"的声音，那是盲人用竹竿敲打地面发出的声响。

威尔逊先生愣了一下，缓缓地转过身。

那盲人感觉到前面有人，上前说道："尊敬的先生，您一定发现我是个可怜的盲人，能不能占用您一点点时间呢？"

威尔逊先生说："我要去会见一个重要的客户，你要什么就快快说吧。"

盲人在一个包里摸索了半天，掏出一个打火机，递给威尔逊先生，说："先生，这个打火机只卖1美元，这可是最好的打火机啊！"

威尔逊先生听了，叹了口气，掏出一张钞票递给盲人："我不抽烟，但我愿意帮助你。这个打火机，也许我可以送给开电梯的小伙子。"

盲人用手摸了一下那张钞票，竟然是100美元！他用颤抖的手反复抚摸着，嘴里连连感激着："您是我遇见过的最慷慨的人！仁慈的富人啊，我为您祈祷！上帝保佑您！"

威尔逊先生笑了笑，正准备走，盲人拉住他，又喋喋不休地说："您不知道，我并不是一生下来就瞎的，是因为23年前布尔顿的那次事故！太可怕了！"

威尔逊先生一震，问："你是那次化工厂爆炸中失明的吗？"

盲人仿佛遇见了知音，兴奋得连连点头："是啊是啊，您也知道？这也难怪，那次光炸死的人就有93个，伤的人有好几百！"

盲人想用自己的遭遇打动对方，争取多得到一些钱，他可怜巴巴地说了下去："我真可怜啊！到处流浪，孤苦伶仃，吃了上顿没下顿，死了都没人知道！"他越说越激动，"您不知道当时的情况，火一下子冒了出来！仿佛是从地狱中冒出来的！逃命的人都挤到一起，我好不容易冲到门口，可一个大个子在我身后大喊：'让我先出去！我还年轻，我不想死！'他把我推倒了，踩着我的身体跑了出去！我失去了知觉，等我醒来，就成了瞎子，命运真不公平呀！"

威尔逊先生冷冷地道："事实恐怕不是这样吧？"

盲人一惊,呆呆地对着威尔逊先生。

威尔逊先生一字一顿地说:"我当时也在布尔顿化工厂当工人。是你从我的身上踏过去的!你长得比我高大,你说的那句话,我永远都忘不了!"

盲人站了好长时间,突然一把抓住威尔逊先生,爆发出一阵大笑:"这就是命运啊!不公平的命运!你在里面,现在出人头地了,我跑了出来,却成了一个没有用的瞎子!"

威尔逊先生用力推开盲人的手,举起了手中一根精致的棕榈手杖,平静地说:"你知道吗?我也是一个瞎子。"

威尔逊先生和故事中的盲人,便是同一挫折的不同结果。诚然,威尔逊的成功和不懈的努力密不可分,然而更深层次的原因却在于他面对挫折的心态。

假如威尔逊没有一种乐观的心态,那么当双目失明的时候,任何梦想都会随之破灭。"我看不见光明,看不见色彩,更看不见成功。"按照这种思维逻辑,他很可能就此安守本分,做一个普通的盲人,在自怜和贫寒中度过一生。然而威尔逊的想法却是:虽然我看不见,但我还能听,还能触摸,除了视觉我什么都没失去。上帝让我失去光明,是为了告诉我,我曾经做的努力还不够,而且被太多表面的现象所迷惑,我现在要做的是,用心去感受这个世界,这样我会变得更强大,这既是成功路上的一次考验,也是一次契机。

乐观的人遇到挫折,总会把它变为一种转折。而乐观并不等于不切实际的幻想,也不意味着否认问题的存在,或逃避直面痛苦的责任。它是一种思维方式,也是一种面对挑战的态度。乐观可以使我们看到:未来是有希望的,也是可以去争取的,它促使我们说"我能",而不是"我不能"。它让我们看到一只半满的杯子,而不是半空的杯子。

"塞翁失马"是一个非常有趣的故事,至今仍然为人津津乐道。我们提到这个故事的目的,不是让大家再次感受塞翁人生的大起大落,也并非借此说明"人生本无常,祸福全由天",我们只是想要你转换思维,思考一下：假如你是塞翁，你会怎么做？

塞翁第一次遭遇不幸，是失去了一匹马。我们细想一下，当时一匹马何其珍贵，一个农夫失去一匹马，就等于如今的上班族被炒鱿鱼，因为马是他赖以生存的资本。于是，邻居大呼小叫："哎呀，你的运气太差了，以后该怎么办啊？"塞翁怎么回答呢？他只说了一句话："是祸还是福，有谁知道呢？"

果不其然，塞翁丢失的马不仅失而复得，还带来了另一匹马。这时邻居又说："哇，你的运气真好！"然而塞翁还是那句话："是祸还是福，有谁知道呢？"

后来，塞翁的儿子骑马，摔断了腿，这看似祸害，然而却让他逃过了兵役，保住了性命。

当你读完这个故事的时候，是不是感觉那个变化无常的邻居似曾相识呢？或许他正好是你的写照。我们大多数人都很像这个邻居，总是急于判断一件事到底是好还是坏。"啊，天呐，这下可糟了。"在遭受损失和困难时，我们常常这样想，于是我们迫不及待地想采取措施，试图挽救局面。然而，在紧张、焦虑的情况下解决问题，结果往往不尽如人意。

想必很多人的童年都有过这样的经历，当你打碎一个花瓶时，不知该如何向父母解释。有的小孩期望找一些看上去合理的理由，向大人证明花瓶的破碎和自己无关，但几乎都以失败告终。为什么呢？这并不是因为大人比小孩更聪明，而是因为在被焦虑、急躁困扰的时候，人的思维如同一潭死水。而只有具有像塞翁这样处变不惊的心态，才能帮助我们走出失败的迷雾。

然而，有的人会这样说："没有人能在遭遇重大损失的时候还能保持镇定，为什么塞翁不急于下判断呢？他要么缺乏判断力，要么就是脑子出了问题，或者根本就是一个神经麻木的人。"

塞翁的反应其实不难解释，在东方哲学里有一个定律，即老子在《道德经》里说的："孰能浊以静之，徐清；孰能安以动之，徐生。"也就是说，"清"与"浊"、"动"与"静"，并不是绝对的，而是可以依据一定的条件相互转化。这与"非黑即白"的是非观有着很大的不同,它更强调周围的环境和条件所带来的有利因素。

我们不知道塞翁是否读过《道德经》,但我们可以肯定,塞翁不急于下结论,是因为他在观望,希望事态能随着时间的过去有所好转。和塞翁一样,我们没有办法去掌控生活中发生的一切,但是我们有能力决定自己的想法、判断,有能力去改变自己的心态。

波伊提乌是公元6世纪古罗马最重要的哲学家之一,他的著作无论是在当时还是现在,对人们的思想都有着重大影响,也是西方哲学的奠基石。

不过,波伊提乌并不是轻而易举就取得了这样的成绩,他的名著《哲学的慰藉》中就向大家展示了一段他"因祸得福"的经历。

波伊提乌曾是一位杰出的政治家、演说家,住在东哥特王朝和罗马皇帝忒奥地利克的宫殿里。在当时,他享有很高的声誉和社会地位,与另一位名人沃伦·贝蒂相比,波伊提乌是有过之而无不及。此外,他的家庭生活也很美满,儿子同样是个才华横溢的人。波伊提乌的生活看上去非常完美,因此大家都很羡慕他。越来越多的人开始嫉妒波伊提乌,并在国王面前诽谤他。有的人甚至暗示国王说波伊提乌是叛变分子。最后,国王听信了大家的谗言,并把莫须有的叛国罪安到波伊提乌身上。一夜之间,他就由哲学家沦为了阶下囚。最开始,波伊提乌不停地呐喊,仿佛要让全世界的人知道自己遭受到的不公正待遇,希望得到平反。然而这有什么用呢?国王能听得进去吗?那些诬告他的人可能幡然醒悟吗?平时的朋友……哦,别忘了,这是叛国罪,如果有谁要帮助波伊提乌,那么结局会和他一样。

波伊提乌不得不告别往日奢华的生活,住进了阴暗的牢房。渐渐地,他明白了一个道理:呐喊是没有用的。不过我还能思考。

于是,他开始整理自己的思绪,寻找解决人类问题的根源。通过努力,波伊提乌发现了著名的"命运转盘"。在"命运转盘"中,只有"轴心"是亘古不变的。这个"轴心"是指最基本的、不会随着命运变化而改变的真理,也被称作自然法则。波伊提乌还提出,只要人掌握了这些真理以及主导这些真理的智慧,那么当你身处逆境时,就不会轻易向命运妥协,而是保持积极清醒的头脑和积极向上的生活态度,寻找人生最宝贵的东西。其实,当人感到痛苦时,并不是他的处境有多么糟糕,而是他看待问题的态度很消极,所以他不能平心静气地应对这些挫折。

"命运转盘"给波伊提乌带来了无上的荣誉。伟大诗人但丁在《神曲》和《地狱》中都曾描写到:任何力量都不能阻止命运转盘旋转,它主宰着整个民族的兴盛和衰亡……

我们试想,没有牢狱之灾,波伊提乌可能取得如此伟大的成就吗?

牢狱这场"祸"恰恰就是诞生其哲学思想的"福"。

我们通常都会面临一些看上去像"祸"的事情,比如老板突然安排了一堆任务,自己却没有时间做完;上司总是吹毛求疵,对自己态度恶劣;今天辞职了,明天还能找到工作吗……但是若能换一个思路却又成了这番景象:老板给我那么多任务,说明我的工作能力强,我一定要尽力完成,说不定还有升职的机会呢;上司对我要求严格,是因为我做得还不够好,我争取要做得更加完美;虽然辞职了,但是凭我的能力,完全可以找到下一份工作,说不定还更好呢……

祸并不一定都是绝对的祸,如果它不幸成了祸,那么只是你一厢情愿的想法促成了灾祸的发生。当我们面对挫折的时候,一定要先当塞翁,保持良好的心态,然后再学波伊提乌,思考转祸为福的方法,若能做到这样,那么还有什么事情值得你苦恼呢?

3.克服对压力的恐惧,正确定位自己的角色

适当的压力对人来说,绝对是不可缺少的清醒剂。它让你不畏惧困难,懂得思考如何进入新的局面、如何打破旧的格局,甚至让你萌发自信和勇气,这些都是帮助你将来获得幸福的先决条件。任何人都要接受

压力的挑战。

著名的凯撒从一个没落贵族荣升到罗马最高统帅，建立起庞大的帝国，每个时期他都肩负沉重压力，并跨越重重险阻，最终才收获成功。

凯撒19岁时，家族权威人士从集团利益出发，要求他放弃原来的婚约，与当权派人家的女儿攀亲，甚至不惜使出各种手段进行胁迫。然而面对压顶的阻力，凯撒毫不退缩，坚持自己的主张，甘愿让个人财产和妻子的嫁妆被没收，并上演了一场逃婚的剧目，为自己赢得了信守诺言的美誉，这也是后来将士们愿意追随他的重要原因。

当凯撒搬开了第一个巨大压力后，他又用了足足38年的时间，一步步从军营、战场走向政坛，而在这过程中，他时刻都要对抗难以计数的压力。在与压力抗衡的过程中，凯撒没有浪费时间去烦恼，而是把越来越沉重的压力变成动力，他不断挖掘自己的各种优势，包括发挥他的军事才能，并用他英俊的容貌、机智的谈吐以及坚毅镇定的心志博得大家的重视，彻底扫除拦在成功前面的障碍。

美国总统华盛顿说："一切和谐与平衡，健康与健美，成功与幸福，都是由乐观与希望的向上心理产生的。"不因压力而放弃既定的目标，这是凯撒取得辉煌成绩的原因之一。

明知道压力不可能消失，整天妄想没有压力的生活无疑是给自己心里添愁。

其实，遭遇压力时最聪明的做法就是赶紧跳出来，分析自己的压力来源，思考如何将它转变成有效的动力。

压力太大，容易让人一蹶不振；压力太小，则容易让人滋生惰性。

适度的压力，不仅能让人保持清醒和活力，还能让人产生自我认同的心理。

拿拳击比赛来说，有经验的教练都会帮选手挑选实力差不多、刚好可以刺激选手斗志的陪练进行训练，让选手可以在每一次比试中慢慢地进步。因为有外来的刺激，选手们不会有停滞不前的困惑，也不会盲目自信，如此他们才能通过不断克服压力，逐渐提升自己的实力。

既然压力人人都有,无法完全消除,那么,我们不妨利用压力来改变我们的生活,创造出一个自己想要的结果。诗人歌德说:"大自然把人们困在黑暗之中,迫使人们永远向往光明。"

20世纪最伟大的喜剧演员卓别林出生于演员世家,父母因感情不和而离异。当卓别林身体虚弱的母亲在一次演唱时遭到观众喝倒彩,即将失去她唯一的经济来源时,小卓别林却意外地被带到台上代替母亲继续演出。没有想到,卓别林虽然是初次表演,却十分冷静,他故意装出和母亲一样的沙哑歌喉来演唱,最后竟意外得到了观众的认可,赢得热烈的掌声。虽然这个压力来得很突然,但卓别林却能及时解除,这次的表演,无疑是他成功的第一个信号。拿破仑曾说:"最困难之时,就是离成功不远之日。"从那以后,尽管生活还是无比艰难,但卓别林却体认到自己在舞台上的魅力,他忘记了那些贫苦、抱怨,一次次认真学习表演的技巧。

1925年,卓别林完成了描绘19世纪末美国发生的淘金狂潮的长片《淘金记》,奠定了他在艺术界的地位。但是压力并不因为成功的到来而却步,由于有声电影兴起,逐渐取代了传统的默片,卓别林的日子又逐渐变得非常难熬,不仅要面对事业的没落,还要承受母亲去世的悲伤,还有和妻子沸沸扬扬的离婚案,以及电影《城市之光》的停停拍拍及放映权的谈判……重重压力下,让一贯以喜剧角色出现在世人面前的卓别林仿佛苍老了20岁,一缕缕白发悄悄渗出。

当卓别林有一天突然意识到自己的颓丧于事无补时,他决定放下压力,横渡大西洋展开一次欧亚之旅,既是散心,又可以趁机为新片做宣传和吸收新知。

卓别林用了很长一段时间才让自己在压力中恢复了工作激情,最后他终于重拾风采,带着《摩登时代》出现在人们前面,获得了巨大的成功。

每个人在每个时期都会碰到压力。压力来临的时候,我们千万不要退缩、回避,而是该认真地接受它,找到改善的方法,如此才能把因为情绪所产生的不必要压力统统释放!

用勇气和智慧去正视压力,压力就会变小,事态也会渐渐朝好的方向变换,这就是眼前的大成功。

测试:你的压力来源

假如有一天你打车遗失了物品,你觉得会是以下哪件物品?

A.手机

B.笔记本电脑

C.钱

D.刚采购的生活物品

在美术馆中欣赏展览,忽然有幅画吸引了你的目光,你觉得这是幅怎样的画?

A.风景画

B.人物画

C.静物画

D.抽象画

E.水墨画

F.裸体画

【测试结果】

第1题是测试你的压力来源。

选A,你目前的压力来自于曾经的爱情。

无论现在你是单身还是有爱人,心里总有对过去恋情的怀念和对旧爱的牵挂。拿得起放不下,即使分手还是免不了要互相问候往来,或者打听他(她)的近况、关注他(她)的最新动向。曾经的山盟海誓如今还记忆犹新。

选B,你的压力来自于朋友。

生活中的你很相信朋友,所以你无法忍受好友有一丝丝的背叛。你的朋友有很多,不仅是生活上的朋友,而且还有事业上的好朋友。你的朋友可以是同学、同事或者只是在网上结识的人,你是典型的四海之内皆兄弟。生活上的点滴要和朋友分享,事业上的问题也需要他们为你出谋划策,甚至直接支援。

选C,你目前的压力来自于自己。

目前的你不希望被外界干扰,这也形成了你独来独往的个性。建议你有机会还是要跟朋友聚聚,不然有事会找不到人帮忙的。

选D,你的压力来自于家庭。

由于家里给你的感觉较温馨,加上家教严和家人的互动比较多,所以你几乎没什么休闲活动,有空就会"宅"在家里。现阶段你的朋友并不多,但一定要好好维持这些友谊。

第2题是测试你目前的焦虑来源。

选A,你正承受着人际关系的压力,想从纷纷扰扰中寻求解脱。

选B,你觉得自己的朋友太少,想找一个能够倾诉心事的知己。

选C,你在生活中和学习工作上都非常忙碌,使你觉得压力很大。

选D,你很排斥社会的规范和礼教,想要按照自己的想法做事。

选E,现代化的社会使你感到莫名其妙的压力,你很想离群独居。

选F,你觉得生活过于枯燥无味,想要追求一些新鲜、刺激的事物。

延伸阅读:

培养积极心态箴言

培养积极的心态,可以使我们的生活按照自己的想法发展,没有积极心态就无法成就大事。记住:我们的心态是我们唯一能完全掌握的东西。我们应该练习控制心态,并且力求拥有积极的心态。下面这些方法值得我们借鉴。

(1)切断和我们过去失败经验有关的所有关系,清除干净我们脑海中的那些与积极心态背道而驰的所有不良因素。

(2)找出我们一生中最希望得到的东西,并立即着手去得到它,去追寻我们的目标。

(3)确定我们需要的资源之后，便制定如何得到这些资源的计划，然而所定的计划必须不要太满，也不要不足，别认为自己要求得太少，记住，贪婪是失败的最主要因素。

(4)培养每天说或做一些使他人感到舒服的话或事，我们可以利用电话、明信片或一些简单的善意动作达到此目的。例如给他人一本励志的书，就是为他带来一些可使他的生命充满奇迹的东西。日行一善，可保持无忧无虑的心情。

(5)我们要了解这一点，即打倒我们的不是挫折，而是我们面对挫折时所持的心态。训练自己在每一次不如意的处境中都能发现与挫折等值的积极一面。

(6)务必使自己养成精益求精的习惯，并以我们的爱心和热情发挥我们的这项习惯，如果能使这种习惯变成一种嗜好，那是最好不过的了。如果不能的话，至少我们应该记住：懒散的心态，很快就会变成消极心态。

(7)当我们找不到解决问题的答案时，不妨帮助他人解决问题，并从中寻找我们所需要的答案。在我们帮助别人解决问题的同时，我们也正在洞察解决自己问题的方法。

(8)彻底盘点一次我们的财产，我们会发现自己所拥有的最有价值的财产就是健全的思想，有了它我们就可以自己决定自己的命运。

(9)和我们曾经以不合理态度冒犯过的人联络，并向他致上最诚挚的歉意，这项任务愈困难，我们就愈能在完成道歉时，摆脱掉内心的消极心态。

(10)我们在这个世界上到底能占有多少空间，与我们为他人利益所提供服务的质量，以及提供服务时所产生的心态成正比。

(11)改掉我们的坏习惯，连续一个月每天减少一项恶习，并在一周结束时反思一下成果。如果我们需要顾问或帮助时，可以大胆地说出，切勿让我们的自尊心使自己却步。

(12)要知道自怜是独立精神的毁灭者。请相信,我们自己才是惟一可以随时依靠的人。

(13)把我们一生中所发生的所有事件都看做是为激励我们上进而发生的,即使是最悲伤的经验,也会为我们带来最多的财产。

(14)放弃想要控制别人的念头,在这个念头摧毁我们之前先摧毁它,把我们的精力转为控制我们自己。

(15)把我们的全部思想用来做我们想做的事,不要留半点思维空间给那些胡思乱想的念头。

(16)向每天的生活索取合理的回报,而不要光等着回报跑到我们的手中,我们会因为得到许多我们所希望的东西而感到惊讶——虽然我们可能一直都没有察觉到。

(17)以适合我们生理和心理的方式生活,别浪费时间,以免落于他人之后。

(18)除非有人愿意以足够的证据,证明他的建议具有一定的可靠性,否则别接受任何人的建议,我们将会因谨慎而避免被误导,或被当成傻瓜。

(19)一定要了解人的力量并非全部来自物质。

(20)使自己多多活动以保持自己的健康状态,生理上的疾病很容易造成心理的失调,你的身体和你的思想一样保持活动,以维持积极的行动。

(21)增加自己的耐性,并以开阔的心胸包容所有事物,同时也应与不同种族和不同信仰的人多接触,学习接受他人,不要一味地要求他人照着我们的意思行事。

(22)你应承认,爱是治疗你生理和心理疾病的最佳药物,爱会改变并且调适我们体内的化学元素,以使它们有助于我们表现出积极的心态,爱也会扩展我们的包容力。接受爱的最好方法就是付出我们自己的爱。

(23)以相同或更多的价值回报给我们好处的人。"报酬增加律"最后还会给我们带来好处,而且可能会为我们带来所有我们应得到的东西。

(24)记住，当我们付出之后，必然会得到等价或更高价值的东西。抱着这种念头，可使我们驱除对年老的恐惧。

(25)我们要相信，我们可以为所有的问题找到适当的解决方法，但也要注意：我们所找到的解决方法未必都是我们想要的。

(26)参考别人的例子提醒自己，任何不利情况都是可以克服的。虽然爱迪生只接受过3个月的正规教育，但他却是最伟大的发明家。虽然海伦·凯勒失去了视觉、听觉和说话能力，但她却鼓舞了无数人。明确目标的力量必然胜过任何限制。

(27)对于善意的批评应采取接受的态度，而不应产生消极的反应，利用这种机会做一番反省，并找出应该改善的地方，不要害怕批评，我们应勇敢地面对它。

(28)和其他献身于成功原则的人组成智囊团，讨论我们的进程，并从更宽广的经验中获取好处，但以积极面作为基础进行讨论。

(29)搞清楚愿望、希望、欲望以及强烈欲望与达到目标之间的差别，其中只有强烈的欲望会给我们驱动力，而且只有积极心态才能供给产生驱动力所需的燃料。

(30)避免任何具有负面意义的说话方式，尤其应根除吹毛求疵、闲言闲语或中伤他人名誉的行为，这些行为会使我们的思想朝消极面发展。

(31)锻炼我们的思想，使它能够引导我们的命运朝着我们希望的方向发展，把握住"报酬"信封里的每一项利益，并将它们据为己有。

(32)随时随地都应表现出真实的自己，没有人会相信骗子的。

(33)相信无穷智慧的存在，它会使我们产生为掌握思想和引导思想而奋斗所需要的所有力量。

C 篇

意念+暗示：
念力的强大磁场

所谓念力，简单地说，就是"意念力+暗示力"。

前面学习了念力的系统知识，现在，是时候运用这种神秘的力量了——地位、财富、健康、欢乐与幸福，将会齐齐出现在你的生命里，你的人生将更为绚丽多彩。

第五章

巧妙运用语言暗示,让你事半功倍

> 如果你想要别人帮助你,想要让别人心甘情愿地为你做事,想要别人买你的产品,或者改变别人对某一事物的看法等,就需要用语言暗示他——在不知不觉中,让对方认可你的逻辑,按你的逻辑办事情。
>
> 前面说了很多暗示的无穷力量,你一定非常清楚,现在是时候运用暗示的这些力量了。

语言暗示初级版——让别人像你一样去思考

生活在社会中的每一个人,其实经常使用着暗示,最常见的就是谈话。所谓的"旁敲侧击"、"见人只说三分话"、"到什么山上唱什么歌"其实都是在说语言的暗示。因此,在日常生活中,我们一定要认真对待各种语言暗示。

1.最简单的暗示——不断反问,让他质疑自己的动机

让对方接受你的逻辑,其实就是一个改变对方信念的过程。每一个信念的存在都是由支点支撑起来的,没有了支点的支撑,信念也就无法存在。这就好比桌面和桌脚的关系,没有桌脚的话,桌面就无法支撑起来。

说服别人,改变别人的想法,从根本上讲,必须让他对自己原有的信念产生怀疑。从执行的角度而言,这里有一个很好的方法——不断地反问,直到他产生怀疑,你再给他一个新的概念和观点,并不断地加强,最后就会促使他接受新的信念。

比如,有一位离婚的妈妈告诉女儿,男人没有好东西。女儿没谈过恋爱,没有体验肯定是不相信的。后来女儿谈了两次失败的恋爱就信了妈妈的这一论点。如果在这个时候,你想改变女孩的这个信念,该怎么做呢?那就是不断地问。

问:"你为什么会认为男人没有好东西呢?"

女儿:"妈妈告诉我的,也是我自己谈了两个男朋友的经验得来的。"

问:"你认为的坏男人的标准是什么?"

女儿:"不知道。"

问:"你妈妈说的就一定是对的吗?"

女儿:"不一定。"

问:"你才谈了两个男朋友就一定认为男人没有好东西吗?"

女儿:"这……"

问:"两个更多,还是一万个更多?"

女儿:"当然一万个更多。"

问:"有没有可能——你谈的两个是坏男人,其余的9998个都是好男人?"

女儿："有可能。"

问："既然有可能那男人都没有好东西吗？"

女儿："……"

建立新信念："不是所有的男人都是坏男人，只不过你还没有碰见好男人。确立好男人的标准，知道自己适合什么样的男人，坚持不懈一定能找到属于你的幸福，不是吗？"

女儿："是的。"

事情就这么简单，在不断的反问中，她的信念逐渐向你靠拢了，你的逻辑也就走进了对方的心里。这个案例有些偏激，不过方法还是很值得借鉴的。如果你想摧毁别人的信念，反复反问就是最简单的方法。

2.最聪明的暗示——让他做选择题，而不是是非题

如果有人提议在房子的墙壁上开个窗口，势必会遭到众人的反对，窗口肯定开不成。可是如果先提议把房顶扒掉，众人则会相应退让，同意开个窗口。

人都有这样一种惯性：当他在判断事物时，有意无意中都会进行一番"货比三家"的比较。所谓决策，就是在多种方案之中选择一个最佳的。人们在不肯决策的时候，往往就是因为备选方案不够，或者这些方案实在难以决策。

因此，有时为了让某人接受某事，不妨人为地为他多制造几种选择方案，而且要做到差异很大，反衬效果很明显。

某化妆品公司的经理，因工作上的需要，打算让家居市区的推销员小王去近郊区的分公司工作。在找小王谈话时，经理说："经过公司研究，选择你去担任新的主要工作。有两个处所，你任选一个。一个是在远郊区的分公司，一个是在近郊区的分公司。"

小王虽然不愿离开已经十分熟悉的市区，但也只好在远郊区和近

郊区中选择一个稍好点的——近郊区。而小王的选择,恰恰与公司的设想不谋而合。经理并没有多费唇舌,小王也认为选择了一个理想的工作岗位,问题顺利解决。

老陈、老时两个人都在一家大型化工厂担任谈判员。他俩堪称是黄金搭档,只要他们一出马,几乎没有谈不成的业务,因此深得公司领导和员工的尊重和信赖。原来,一般情况下,总是先由老陈提出苛刻的要求,令对方惊惶失措,灰心丧气,一筹莫展,这样就从心理上压倒了对方。就在对方感到"山重水复疑无路"时,老时出场了,他提出了一个折中的方案。当然,这个方案本来就是他们谈判的目标方案。面对这个"柳暗花明又一村",对方愉快地签订了合同。在这种阵势面前,就是该方案中有一些不利于对方的条件,对方也会认为折中方案非常好,从而接受。

用另一件更困难的事作反衬,出于趋利避害、两难当中取其易的本能,对方当然会痛快地接受你想让他接受的事。

3.最有心计的暗示——站在对方的角度"点拨"他

你若想让对方按你的意愿和逻辑行事,最高明的途径就是:你要在谈话中暗示:你是在为他着想,而不仅仅是为了你自己。

按俗话讲,就是"得了便宜卖乖"。明明是在求人,在占便宜,而给人的感觉却是在施恩。卖乖技能得逞的关键在于,不让自己的企图明示于人,而是将其装饰成对方的利益,使他在付出时看起来好像在帮别人的忙。

一群孩子在一位老人家门前嬉闹,叫声连天。几天过去,老人难以忍受了。

于是,他出来给了每个孩子25美分,对他们说:"你们让这儿变得很热闹,我觉得自己年轻了不少,这点钱表示我的谢意。"

孩子们很高兴,第二天仍然来了,一如既往地嬉闹。老人再出来,给了每个孩子15美分。他解释说,自己没有收入,只能少给一些。15美分也还可以吧,孩子仍然兴高采烈地走了。

第三天,老人只给了每个孩子5美分。

孩子们勃然大怒:"一天才给5美分,知不知道我们多辛苦!"他们向老人发誓,他们再也不会为他玩了!

人首先在追求自己的利益的前提下,才会顺带增进你的利益。如果你分明是让对方实现你的目标,却要让他产生是在为自己奋斗的心理,你就必须让他看到"双赢"的切实利益。

卡耐基几乎每季度都要在纽约的某家大旅馆租用大礼堂20个晚上,用以讲授社交训练课程。有一季度,卡耐基刚开始授课时,忽然接到通知,对方突然加租,要他付比原来多三倍的租金。

接到通知的时候,入场券早已印好并发出去了,就等开课赚钱了。这时候,要如何才能成功打消对方趁火打劫的念头呢?两天以后,卡耐基找到了旅馆经理。

"我接到你们的通知时,有点震惊。"卡耐基说,"不过这不怪你。假如我处在你的地位,或许也会写出同样的通知。你是这家旅馆的经理,你的责任是让旅馆尽可能地多赢利。你不这么做的话,你的经理职位难以保住,也不应该保住。假如你坚持要增加租金,那么让我们来合计一下,这样对你有利还是不利。"

对方说:"好。"

"先讲有利的一面。"卡耐基接着说,"大礼堂不出租给讲课的而是出租给办舞会、晚会的,那你可以获大利了。因为举行这类活动的时间不长,他们能一次付出很高的租金,比我这租金当然要多得多。租给我,显然你吃大亏了。"

对方为卡耐基的体贴感到很欣慰。

卡耐基接着道:"现在,来考虑一下'不利'的一面。首先,你增加我的租金,却是降低了收入。因为实际上等于你把我撵跑了。由于我付不起你所要的租金,我势必再找别的地方举办训练班。"

对方不语,但有些着急。

"还有一件对你不利的事实。这个训练班将吸引成千的有文化、受过教育的中上层管理人员到你的旅馆来听课,对你来说,这难道不是起了不花钱的广告的作用了吗?事实上,假如你花5000元在报纸上登广告,你也不可能邀请这么多人亲自到你的旅馆来参观, 可我的训练班给你邀请来了。这难道不合算吗?"讲完后,卡耐基在告辞的时候不忘扔下一句:"请仔细考虑后再答复我。"

最后,当然是对方让步了。

趋利避害是人的自然属性。在这样一个物质化的商业时代,人们做事的出发点越来越趋向于追逐自身利益。也就是说,当你游说别人的时候,他们的第一个想法就是:你说这些对我有什么益处?

所以,当你希望最终落到好处之前,要先让对方看到好处。只有在好处的晕轮效应下,对方才会忽略你的"险恶"逻辑。

语言暗示升级版——操控人心好办事

学会了一些基本的语言暗示后, 我们接下来要掌握一些升级的技巧,以便更好地驾御人性,操控人心。

1.用暗示美化缺点,把"真话"说得更漂亮

我们经常会遇到一个尴尬的问题,那就是别人问了你一个问题,你若是说了实话就会得罪人,可是说了谎话又觉得良心不安,也怕别人误会你是一个巧言令色的家伙。

遇到这样的情况，我们是说实话，还是说谎话？

最好的办法是暗示对方——也就是把实话包装得更漂亮，这样既可以说实话，也不怕得罪人。

一百五十厘米高、六十公斤重的巧琳是一个标准的胖女生。这一天她前往服饰店买衣服，拿了一件连身的裙子试穿，然后站在镜子前面反复地端详自己。

她向女店员问道："我是不是太胖了？这件衣服会不会显得我更胖？"

实话是，她确实是胖，不管怎么穿都还是太胖，这个胖不是衣服的问题，而是她本人的问题。

A店员跟她说："如果你怕看起来胖的话，你可以加一条宽腰带，像是这一条，这样系在腰上就会感觉有腰身。"

巧琳一看镜子中的自己，确实感觉有了腰身，于是她很开心地买了洋装和腰带。

A店员并没有欺骗巧琳，首先，她并没有正面回应巧琳的问题，A店员从头到尾都没有说过巧琳不胖。而她机巧的回答方式，不仅让巧琳买下了洋装，更让巧琳多买了一条腰带。

B店员看了看巧琳的年纪，大概是三十岁，于是她说："你属于比较有肉感的女生，听说这样的女生比较有福气，老公会比较疼你，小孩也会乖巧。我觉得不算胖，是刚好而已。如果你怕看起来会胖，其实我们有另一款深色的衣服，深色会有修饰身材的效果，你可以试穿一下。"

巧琳觉得有道理，于是试穿了同款式但是颜色较深的那一件，最后她发现两件的修饰效果差不多，所以还是买了原来看上的那一件。

B店员没说巧琳是瘦子，也没有说她是胖子，而是巧妙地使用"肉感"这个词替代了"胖"字。这就是她的说话技巧。

最后她给了巧琳两个选择，让巧琳觉得店员不是强迫推销，可是巧琳却忘了，不管她买哪一件，基本上店员都是获利的。

C店员说："我觉得你不算胖，你是胸部比较大。如果你是嫌自己的腰不够细，可以做仰卧起坐来瘦腰。我每天在睡觉前都会做三十个仰卧起坐。"

"真的有效吗？"巧琳好奇地问道。

"有效呀，一开始不要做太多，重要的是每天都要做，得持之以恒才行。"C店员和巧琳闲聊，借此拉近彼此的距离。

巧琳觉得C店员真是亲切，不禁也松下了心防："不过我很懒，每天运动可能没办法。"

"少吃淀粉质的食物也有效。"C店员笑着说道。

最后巧琳在闲聊的愉快气氛下，决定买下这一套洋装。

这个过程中C店员所说的也是实话，只是她刻意把焦点缩小，放在巧琳的胸部上讨论，这样就不会伤害巧琳的自尊，听起来反而像是在赞美巧琳有好身材。

在实务经验上面，我们能用"丰满"、"丰腴"这一种中性的形容词，来称赞贬义性质的"胖"、"肥"。

在一白遮百丑的审美观中，我们也可以用"健康的小麦色"来形容皮肤不白的女孩。

而"娇小玲珑"，其实就是指一个人不高，身材矮小。

要说一个人固执、死脑筋，我们会说他"个性耿直"、"正直"。

要说一个人傻气、办事糊涂，我们会说他"个性开朗"、"没有心机"。

在此提供给大家参考。

2.用暗示"迷惑"对方，达成自己的目的

为了让员工增加向心力，刻苦勤奋地为公司打拼赚钱，老板经常会利用暗示技巧来"迷惑"员工，以达成自己的目的。

你若是员工，从以下的例子里面，可以让你更加看清楚老板的心思。

如果你是老板，何不看看以下的例子，这些暗示术，可以让你更加轻松地操控员工。

丁大洲是一个幼儿补习班的老板，他的补习班共有四个老师。这些老师的工作庞杂，不只要做幼儿教学，还得为自己打广告拉学生。

丁大洲给他们每个人相同的固定工资，而他们所教的班级，只要超过二十个人，每多一个则多给他们额外的教学津贴。

这些教学津贴其实就是业务奖金，鼓励他们多招收学生，也让他们努力地留住自己的学生。

几个老师因为在同一个补习班上班，所以表面上大家的相处都很是和气。可是为了保住自己的学生，几个人私下都有心结和瑜亮情结。

丁大洲很满意这样的情况，因为老师们越是互相斗争，就越会努力地拉学生到补习班上课，工作的表现也会越好。

为了给老师们制造矛盾，让他们的心结加深，丁大洲特别喜欢不定时地找老师们进行个别谈话。

表面上，丁大洲是说，希望通过和老师的个别谈话，更加了解学生及家长们的想法，这样才能把补习班办得更好。

私底下，他则是知道几个老师若是被叫来个别谈话，由于彼此听不到谈话内容，这就能造成他们彼此起疑心，让他们猜测是不是有谁会向老板告状或是说坏话。

四个老师果然都中计了。

丁大洲向玫瑰班的李老师说道："其实你上课很认真，对小孩子也很有耐心，不过，就是这个学生人数一直比不上梅花班的陈老师，也许你该向陈老师学习一下，怎么让学生人数增加。"

这一番话，让玫瑰班的李老师产生了对梅花班陈老师的敌意。

随后，丁大洲又找来梅花班的陈老师。

丁大洲向陈老师说道："我听说你上课经常接听手机，这样不好，要是让学生回去告诉了家长，对于我们补习班的名声有影响。"

陈老师愣了一愣，因为她不曾在上课时间接听过手机。不过老板既然会这么告诫她，表示有人在私下说她坏话。

陈老师生气地向丁大洲说道："老板，我上课没有接听手机。"

"没有就好，那就当做一场误会吧。"丁大洲和气地说道。其实根本没人向他打小报告，这只是他为了让陈老师敌视其他老师所用的计谋。

"老板，我可以知道是谁说的吗？"陈老师耿直地问道。

"大概是误会吧，你别问了，我希望不要影响到大家的工作情绪。"丁大洲四两拨千斤地打发了陈老师。

个别谈话之后，陈老师越想越是生气，她猜测暗箭伤人的一定是葵花班的邱老师。

紧接着，丁大洲找来了葵花班的邱老师。

他向邱老师说道："邱老师，说说看你对其他老师的看法。你觉得陈老师这个人怎么样？"

邱老师一听，这问题怎么回答都不恰当，要是说实话，别人八成会觉得她是双面人，可是尽说好话的话，老板可能会不满意她的回答，认为她的回答是在敷衍。

和三位老师聊完之后，丁大洲独独没有找荷花班的王老师谈话。

难不成是丁大洲忘了？这个可能性太小了。没被叫到的王老师不由得郁闷，该不会是老板看他不顺眼，所以才会不想和他谈话吧？

就在他烦恼之际，老板来到了王老师身边，当着其他三位老师的面拍了拍王老师的肩膀说："努力，最近家长说你做得不错。"

"谢谢老板。"王老师笑了。其他老师的脸色则是立刻沉下。

这种暗示式的个别谈话，对于群体和谐的杀伤力非常大。就算老板什么都没有做，也可以让每个业务员的心中产生心结，进而让他们为了打倒对方而努力地拉升自己的业绩。除了个别谈话之外，有时候老板会丢下考评表，让每个员工给彼此打分数，然后在分数不曝光的情况下，收回这一些考评表。这一招和个别谈话一样，都可以引起每个人心中的疑心，进而产生斗志。

3."八卦"也是一种暗示术,实话不一定要说出来

老孙在公司待了十年,是个深资历的老前辈。

这一天,他却突然收拾东西,黯然地离开了公司。

看见这种情况,同事们都愣住了。大家可以猜测出,老孙八成是被公司裁掉了,可是老孙平常做事谨慎,不像是会犯下大错的人,到底公司是为了什么原因把老孙给辞退了?

一时之间,员工们互相窃窃私语,揣测着老孙离开的原因。

他们归纳出了几个可能性,第一,老孙可能挪用了公款;第二,老孙可能得罪了老板;第三,是老孙自己递出辞呈要离开的。

然而这几个可能性都很小,而老孙也不可能告诉他们答案,唯一知道答案的就只有老孙自己,以及老孙的顶头上司吴经理了。

这一团迷雾很快就有了答案。

小陈这天在茶水间遇到林玲,他神秘兮兮地靠到林玲身边说道:"你知道老孙为什么会被裁吗?"

"我怎么会知道?"林玲耸了耸肩膀说。

"昨天他们和吴经理喝酒,吴经理说漏了嘴。老孙会被裁,是因为上次公司说要加班,老孙说朋友结婚,所以不能加班。那一次的事情让公司高层领导很不满,所以老总就让吴经理找个借口把老孙裁了。"小陈说。

林玲听完吓了一跳,她小声地问道:"这样就被裁了?"

"天威难测。听吴经理说,高层领导觉得老孙倚老卖老,不配合公司的政策,高层领导担心其他的员工也仿效他的坏榜样,这样会造成公司内部人事不好管控,因此才会把老孙给裁了。"小陈说。

林玲一得到这个八卦消息,马上回到座位上,通过MSN把消息告诉其他同仁。

"月底要是又要加班,大家还是认命吧,千万别抗拒呀。"林玲说道。

老孙究竟是为了什么原因被裁？其实他只是利用公司网络上色情网站被抓到而已。可是吴经理为什么不说实话，反而编造了一个谎言？

原因很简单，直接说出真相的话，不过是让下属增加一个茶余饭后闲聊的话题，可是他把原因稍加改造，反而能让老孙的事情变成员工的警钟，大家都会误会老孙是杀鸡吓猴故事中的那一只鸡。如此一来，以后吴经理若是要求下属留下加班，就不会有人再敢反抗。

实话不一定要实说，如果它只是一个"八卦"事件的话，不妨将它善加利用，变成你使用驭人术时的一个工具。

有一家制鞋公司。有一回生产一批白色布鞋时，公司为了贪便宜，换了粘胶的材料。没想到这一换，竟造成这批鞋子的鞋底无法黏合，每一双都在边缘处裂开了个口子。

这种瑕疵品根本无法出货，公司只好紧急销毁这一批鞋子，重新再制作一批给客户。

周宏是这家公司的业务员，这一天他和一名客户谈生意，两人约在茶馆见面。

闲聊之际，客户忽然想起了这一则传言，他好奇地向周宏问道："对了，我之前听说你们销毁了一批白色布鞋，那是怎么回事？"

业界里面的消息总是传播得很迅速，周宏也知道这事无法否认，可是实话实说的话，难保客户不会认定这是一家贪小便宜、不良的黑心公司。

他于是向客户这么说道："那批鞋子制造出来之后，瑕疵率是2%，主要问题是鞋侧面设计有一个用缝线绣成的图案，那个图案的缝线有的有些微脱线的现象。我们公司一向要求成品的瑕疵率不能超过1%，所以老板就把那批鞋子全部销毁了。"

"这样不是损失挺多的吗？"客户疑惑地问道，不确定周宏是不是说真话。

"我们公司一向秉承以质量为上的宗旨，没有办法的办法嘛。"周宏苦笑着回答，"不过也是有这样的质量保证，我们公司才能越做越大。生意就是要以诚为本，才能做得长久。"

周宏料准客户没有办法求证销毁鞋子的原因,所以编了另一个理由来回答客户。从他的回答中,销毁鞋子的行为反而为公司的形象加分了,反正鞋子都已经销毁了,就不能再让同一事件重伤到公司的商誉,钱都损失了,至少要赚回名声。

希望通过以上两则例子,你也已经学会了"八卦"的暗示术。

提醒一下:在使用这个暗示术的时候,请先确定真相不会走漏。

暗示的几个误区——学会恰到好处的暗示

暗示是需要技巧的,有时候过了头,那就成了明说,有时候过于隐晦,别人又无法理解你的意思,所以,一定要掌握暗示的分寸,做到进可攻退可守。

1.暗示的时候,避免频繁使用"我"这个字

《福布斯》杂志上曾登过一篇题为《良好人际关系的一剂药方》的文章,其中有几点值得借鉴——

语言中最重要的5个字是:"我以你为荣!"

语言中最重要的4个字是:"您怎么看?"

语言中最重要的3个字是:"麻烦您!"

语言中最重要的2个字是:"谢谢!"

语言中最重要的1个字是:"你!"

语言中最次要的1个字是:"我。"

亨利·福特二世描述令人厌烦的行为时说:"一个满嘴'我'的人,一

个独占'我'字,随时随地说'我'的人,是一个不受欢迎的人。"

农夫甲和农夫乙忙完了田里的工作,一起回家。他们走在路上,农夫甲忽然发现地上有一把斧头,就跑过去捡起那把斧头。他说:"我们发现的这把斧头还挺新啊!"就想带回家占为己有。农夫乙看到这把斧头是农夫甲发现的,应该归他所有,就对农夫甲说:"你刚才说错了,你不应该说'我们发现'。因为这是你先看见的,所以你应该改口说'我发现了一把斧头'才对。"

他们两个继续往前走,农夫甲的手上仍然拿着那把斧头。过了一会儿,遗失这把斧头的人走了过来,远远地看见农夫甲的手上拿着他的斧头,就匆匆忙忙地追上来,眼看对方就要追上来了。这时候农夫甲很紧张地看农夫乙一眼,然后说:"怎么办?这下子我们就要被他捉到了。"

农夫乙听他这么一说,知道甲想把责任归咎到两个人的身上。于是农夫乙就很严肃地对农夫甲说:"你说错了,刚才你说斧头是你发现的,现在人家追来了,你就应该说'我快被他捉到了',而不是说'我们快被他捉到了'。"

在人际交往中,"我"字讲得太多并过分强调,会给人突出自我、标榜自我的印象,这会在对方与你之间筑起一道防线,形成障碍,影响别人对你的认同。

因此,关注攻心的人,在语言交流中,总会避开"我"字,而用"我们"开头。

人们最感兴趣的就是谈论自己的事情,而对于那些与自己毫不相关的事情,大多数人觉得索然无味,对于你表现最大兴趣的事情,常常不仅很难引起别人的同情,而且别人还觉得好笑。

年轻的母亲会热情地对人说:"我们的宝宝会叫'妈妈'了。"她这时的心情是高兴的,可是旁人听了会和她一样地高兴吗?不一定。谁家的孩子不会叫妈妈呢?你可不要为此而大惊小怪。这是正常的事情,如果不会叫妈妈的孩子才是怪事呢。所以,你看来是充满了喜悦,别人不一定有同感,这是人之常情。

竭力忘记你自己，不要总是谈你个人的事情，你的孩子，你的生活。人人喜欢的是自己最熟知的事情，那么，在交际上你就可以明白别人的弱点，而尽量去引导别人说他自己的事情，这是使对方高兴最好的方法。你以充满同情和热诚的心去听他叙述，你一定会给对方以最佳的印象，并且对方会热情欢迎你，接待你。

美国著名的柯达公司创始人伊斯曼，捐赠巨款在罗彻斯特建造一座音乐堂、一座纪念馆和一座戏院。为承接这批建筑物内的坐椅，许多制造商展开了激烈的竞争。但是，找伊斯曼谈生意的商人无不乘兴而来，败兴而归，一无所获。正是在这样的情况下，"优美座位公司"的经理亚当森，前来会见伊斯曼，希望能够得到这笔价值9万美元的生意。

伊斯曼的秘书在引见亚当森前，就对亚当森说："我知道您急于想得到这批订货，但我现在可以告诉您，如果您占用了伊斯曼先生5分钟以上的时间，您就完了。他是一个很严厉的大忙人，所以您进去后要快快地讲。"亚当森微笑着点头称是。

亚当森被引进伊斯曼的办公室后，看见伊斯曼正埋头于桌上的一堆文件，于是静静地站在那里仔细地打量起这间办公室来。

过了一会儿，伊斯曼抬起头来，发现了亚当森，便问道："先生有何见教？"

秘书对亚当森作了简单的介绍后，便退了出去。这时，亚当森没有谈生意，而是说："伊斯曼先生，在我等您的时候，我仔细地观察了您这间办公室。我本人长期从事室内的木工装修，但从来没见过装修得这么精致的办公室。"

伊斯曼回答说："哎呀！您提醒了我差不多忘记了的事情。这间办公室是我亲自设计的，当初刚建好的时候，我喜欢极了。但是后来一忙，一连几个星期我都没有机会仔细欣赏一下这个房间。"

亚当森走到墙边，用手在木板上一擦，说："我想这是英国橡木，是不是？意大利的橡木质地不是这样的。"

"是的，"伊斯曼高兴得站起身来回答说，"那是从英国进口的橡木，是我的一位专门研究室内橡木的朋友专程去英国为我订的货。"

伊斯曼心情极好，便带着亚当森仔细地参观起办公室来了。

他把办公室内所有的装饰一件件向亚当森作介绍，从木质谈到比例，又从比例扯到颜色，从手艺谈到价格，然后又详细介绍了他设计的经过。

此时，亚当森微笑着聆听，饶有兴致。他看到伊斯曼谈兴正浓，便好奇地询问起他的经历。伊斯曼便向他讲述了自己苦难的青少年时代的生活，母子俩如何在贫困中挣扎的情景，自己发明柯达相机的经过，以及自己打算为社会所作的巨额的捐赠……亚当森由衷地赞扬他的功德心。

本来秘书警告过亚当森，谈话不要超过5分钟。结果，亚当森和伊斯曼谈了一个小时，又一个小时，一直谈到中午。

最后伊斯曼对亚当森说："上次我在日本买了几张椅子，放在我家的走廊里，由于日晒，都脱了漆。昨天我上街买了油漆，打算由我自己把它们重新油好。您有兴趣看看我的油漆表演吗？好了，到我家里和我一起吃午饭，再看看我的手艺。"

午饭以后，伊斯曼便动手，把椅子一一漆好，并深感自豪。直到亚当森告别的时候，两人都未谈及生意。最后，亚当森不但得到了大批的订单，而且和伊斯曼结下了终身的友谊。

为什么伊斯曼把这笔大生意给了亚当森，而没给别人？这与亚当森的口才很有关系。如果他一进办公室就谈生意，十有八九要被赶出来。亚当森成功的诀窍，就在于他了解攻心对象。他从伊斯曼的办公室入手，巧妙地赞扬了伊斯曼的成就，谈得更多的是伊斯曼的得意之事，这样，就使伊斯曼的自尊心得到了极大的满足，把他视为知己。这笔生意当然非亚当森莫属了。

无论是与朋友还是客户交谈，多谈一谈对方的得意之事，这样容易赢得对方的赞同。如果恰到好处，他肯定会高兴，并对你心存好感。

2.不要对别人的错误过于敏感,不要执著于所谓正确的意见

当我们不愿承认自己错了的时候,完全是情绪作用,跟事情本身已经没有关系。当我们错的时候,也许会对自己承认。如果对方处理得很巧妙而且和善可亲,我们也会对别人承认,甚至以自己的坦白直率而自豪。但如果有人想把难以下咽的事实硬塞进我们的食道,那我们是决不肯接受的。

既然我们自己是这种习性,那么就可以理解别人也具有同样的习性,因此不要把所谓"正确"硬塞给他。不要说"你错了",更不要从多个角度去暗示"你真的错了",非要证明自己是对的。

有一位先生,请一位室内设计师为他的居所布置一些窗帘。当账单送来时,他大吃一惊,意识到在价钱上吃了很大的亏。

过了几天,一位朋友来看他,问起那些窗帘时,说:"什么?太过分了。我看他占了你的便宜。"

这位先生却不肯承认自己做了一桩错误的交易,他辩解说:"一分钱一分货,贵有贵的价值,你不可能用便宜的价钱买到高品质又有艺术品味的东西……"

结果,他们为此事争论了一个下午,最后不欢而散。

有一位汽车代理商,在处理顾客的抱怨时,常常冷酷无情,决不肯承认是自己这方面的错误,总想证明问题的根源是顾客在某些方面犯了错误。结果,他每天陷于争吵和官司纠纷中,心情一天比一天坏,生意也大不如以前。

后来,他改变了处理客户抱怨的办法。当顾客投诉时,他首先说:"我们确实犯了不少错误,真是不好意思。关于你的车子,我们有什么做得不合理的地方,请你告诉我。"这个办法很快使顾客解除武装,由情绪对抗变成理智协商,于是事情就容易解决了。如此一来,这位代理商就能轻松地处理每一件事情,生意也越来越好。

当我们说对方错了的时候,他的反应常让我们头疼,而当我们承认自己也许错了时,就绝不会有这样的麻烦。这样做,不但会避免所有的争执,而且可以使对方跟你一样地宽宏大度,承认他也可能弄错。

古埃及阿克图国王在一次酒宴中对他的儿子说:"圆滑一点。它可使你予求予取。"

不要对别人的错误过于敏感,不要执著于所谓正确的意见,不要轻易刺激任何人。如果你要使别人同意你,应当牢记的一句话就是:"尊重别人的意见,永远别说'你错了'。"

人都是有自尊的,都渴望获得他人的尊重。大而言之,在社会阶层中,小而言之,在一个团队中,只有收入高低、分工不同的区别,但绝对没有人格的贵贱之分。扪心自问,我需要别人的理解和尊重吗?同样,这也正是别人都需要的。聪明的人就要先理解和尊重别人。

有位企业老板这样暗示他的女秘书:"你这件衣服很漂亮,你真是一个迷人的小姐。只是我希望你打印文件时注意一下标点符号,让你打的文件像你一样可爱。"女秘书对这次暗示的印象非常深刻,从此打印文件很少出错。

这位老板算得上是一位聪明的人了,说话如此委婉、客气,是他修养好、气度好的体现。假如他换一种盛气凌人的口吻呵斥:"你怎么工作的?连标点符号都搞不清楚,亏你还是大学生呢?"只能让下属委屈,反而达不到纠正对方错误的目的。

有人说的话,立足点和出发点本来是不错的,但由于说话时不尊重对方,因而导致无谓的误解和争端。

人的心灵就像花朵:开放时会承受柔润的露珠,闭合时会抵御狂风暴雨。我们规劝别人,实际上就是让他的心灵开放。但是,被规劝的人往往用闭合来抵御我们的语言,因为他并不知道我们送的是雨露,而只是知道怎样保护他的自尊心。所以,要想不损伤他的自尊心,尊重别人是至关重要的一点。只有当被劝人觉得你尊重他了,设身处地地在为他着想,他才能接受你的暗示,才能把心扉打开,才有可能达到劝说的目的。

3.暗示的次数不可太过频繁

很多人经常抱怨:三番五次地接到通讯公司发来的服务短信,说什么你刚才拨打的电话彩铃非常好听,要不免费试用两个月?弄得他烦不胜烦……类似的事情还有很多:比如美容店、理发厅给爱美的女士极力推荐美容新产品,推销办理各种会员积分卡、消费卡;影楼拍摄照片,店员极力推荐所谓的"优惠套餐",并想尽办法让你增加洗片数量;到银行办理贷款,柜员费尽口舌要你办理某种理财业务;进入超市购物,服务员极力推荐某种洗发产品等等……

一旦暗示的次数过于频繁,那就是赤裸裸的、有目的的了,相信没有人会喜欢。

一个咨询公司的中层顾问,就很懂得暗示的艺术。他会在面对客户的时候谈一些看似不相干的话题:"你看,麦当劳总是跟着肯德基,有移动宣传的地方肯定会出现联通的广告。我不知道,咱们总是跟着谁或者被谁跟着,是不是这种总有对头在的感觉很不一般呢?"

这是一堆废话?不!他的话,首先暗示了他对市场和行情的了解,知道任何行业,竞争对手的存在是不可避免的,有显性的,也有隐性的。其次告诉了对方,我既然了解,就已经做好了帮你们应对这种局面的准备。最后,是在提示对方,你们现在到底处于一个什么样的情况,把局面和感受说出来,对我们的合作更有帮助。

利用看似废话的语言来暗示,在生活中也是很有必要的。

它是润滑剂,当别人的怒火毫无保留地倾泻下来的时候,也许立刻就能攻破了你的防线。你会感到疼痛,会觉得尖锐得无法接受。而这时,废话就能起到一个润滑的作用,在他对自己的怒火解释的时候,给你一个也许在疼痛时无法顾及和领会的理由。

它也是探测器,除了平息你的不满外,还能形成有效的探测。让人能够把握住你的情绪有没有到一个彻底的爆发点，你的忍受力还有多少。然后它让你选择安抚，还是更加深入地解决眼前的事情。同时，废话也是探照灯。它能帮你准确定位之后需要谈论的话题和对方感兴趣的事情。让对方因此发现你们有共同的话题而感到和你亲近，愿意给你更多的机会和时间。

生活中，废话多的人总能让人感觉到亲切，总能让人羡慕。

有心理学家做过统计，说的话90%以上是废话的人，他就有快乐。低于50%废话的人，快乐感便不足。

"今天天气真好！"——这就是一句废话。包括国家元首在内的问候都包括这句话。每个人活在这个空间里，都知道今天天气好不好，可是为什么有人就要说出来呢？其实说这句话的目的就是要引申出其他更多的意思，包括心情好不好，想不想活动，支不支持我。于是，后面就有了对答。

"嗯，今天天气真的很好！"

"想不想去哪里玩？"

"想过！"

"本来准备去郊游。"

"可为什么没去呢？"

"没钱啦！"

"这个月没发工资啊？"

"发了，用完了！"

"那么快就用完啦？你都用到哪里去了？"

"买衣服、喝酒……"

这"废话"就可以引出这么多东西。废话的意思并不明确，可是废话却不可少！它既可以沟通思想，促进感情交流，还可以摸清对方的喜好、性格特征和对自己观点的支持与否。

在心理咨询门诊，有很多很内向的人，他们之所以患心理病，就是因为他们废话太少，交不到朋友，没有地方宣泄感情。在他们的心目中，失礼是最大的事,因为怕讲错话失礼,所以就尽量不讲话,更加不愿意讲废话。其实人们在交流的过程中,事实上就是靠废话来联系的。

自从人类创造了语言之后,语言就成为了人类最重要的沟通工具。而语言本身却并不一定完全都趋于某种目的,没有目的的语言,更能让人亲近,更能让人信任。

所以,生活中,废话多的人总能让人感觉到亲切,你若想要暗示别人自己是一个有亲和力的人,自己是一个快乐幸福的人,一定要学会多说废话。

延伸阅读:

练就一些说话技巧

最好能上通天文、下晓地理,知识面越宽越好。具体来讲,应该从以下几个方面多下功夫:

1.紧跟时尚,把握时代的脉搏。

穿着时尚总能给人美感,而如果一个人穿着时尚,嘴里说的却是上个世纪的话题,那就只能被人称为"土老冒"了。所以,不仅要在服装上做时尚的代言人,也要让自己的知识随时更新,紧紧跟随着时代发展的脉搏。

2.多看报纸、新闻。

爱看报纸和新闻的似乎多是男性,女性其实也不能脱离那些好像跟自己没有关系的政治大事。你不能成为一个"一心只知家里事,两耳不闻窗外事"的人,除非你不说话,否则你一开口别人就能发现你的肤浅。

3.关注生活,加强生活积累。

很多人在和别人谈话的时候,别人都不爱听,那是因为他缺乏生活的积累,说的都是一些不着边际的话。所以,要想有好口才,多加强生活积累显然也很重要。知识、阅历、情感、生活等都能丰富一个人的内心,这些养分是源泉,透过一根根血脉、一条条经络浸润和提升着你的品位和内涵。

4.礼貌就是一个人的名片

无论一个人在社会上扮演什么样的角色，充当什么样的身份，礼貌一直是维持人际关系不断互动的规则。

说话有礼貌的人总是更受人欢迎。礼貌看似小事，却直接影响着你的形象，以及别人对你的态度。可以说，"礼貌是与人共处的金钥匙"，是容易做到的事，也是最珍贵的东西。

找人办事得像个找人办事的样子，要表现得谦卑有礼，别人才会愿意帮助你。有位名人说："生活中最重要的是有礼貌，它比最高的智慧、比一切学识都重要。"一个习惯于出言不逊的人，自然不会得到别人的喜欢，所以我们在日常交往中一定要注意礼貌待人，以下几点需要注意：

不说粗话。一直以来，我们都被要求在说话的时候一定要文雅，不能说粗话。但是现代的一些新新人类，为了追求新潮或者酷，在人格特质和行为上都喜欢效仿一些电影，于是在就出现了伶牙俐齿、牙尖嘴利的粗口一族。一个受过教育有涵养的人，如果讲出粗话来，就像一件天鹅绒的晚礼服上被酒鬼吐上了呕吐物一样，让人很难受。

不要用鼻音词来表达意见。不要用"嗯"、"喔"等鼻子发出的声音来表达个人意见的同意与否，这些音调虽然不是粗话，却会令谈话者有一种不受重视的感觉。

有教养。说话有分寸、讲礼节，词语雅致，内容富于学识是言语有教养的表现。另外，有教养的人懂得尊重和谅解别人，在别人确实有缺点时委婉而善意地指出。知礼而后知轻重，在为人处世、待人接物上，有礼貌的人秉持"礼"性所表现出来的风范，可以用"君子"来形容。

5.弄清别人的想法。

我们每个人都拥有自己衡量事物的标准。以下是一些例子：

如你有这样一个信念，你认为所有的胖人都很快乐。那么当你遇到一位胖人的时候，你总是能想起他们笑的时候，而忽略了他们不快乐的时候，如果你在这个时候无意扯到"你太胖了，少喝点酒"，你觉得他会高兴吗？

或许你认为自由在你的生活中是最重要的东西之一。如果你遇到一个工作朝九晚五的人，你就会联想到他失去了自由，你很有可能会为他感到遗憾。可是他认为最有价值的东西，没准儿却是一种安全保证，因为在办公室里工作能给他另一种自由，那就是不用担心下一分钱该从哪里挣到。

对于某个人来说成功或许就是得到了一份工作，而对另一个人来说成功也可能意味着拥有亿万资产的大买卖。

6.用振奋人心的话代替泄气话。

语言能从文学角度反映我们的感受，还可以影响我们对生活的观点。我们越是使用令人泄气的语言，我们就会越觉得没有希望。当我们用含有激情活力的词汇调剂一下语言，我们就会感到充满活力，充满希望。

小心下列语言，当你读到它们时，注意你头脑中的想法和内心的感受。

"我都要被压垮了。""我遇到了这么多问题。""我身处危机之中。""这简直是场噩梦。""这是我的最后期限。""这事十万火急。""所有的事情全不对劲。""我被困住了。""我完全陷入麻烦了。"

你是否经常使用这些语言？注意和经常说这些话的人在一起时，你是很开心还是很压抑？

更糟的是，有时人们似乎乐此不疲。

经常使用这些泄气的话会令身体释放出肾上腺素，进而给内脏器官，尤其是肾造成很大压力。经常处于这种情况对身体很不好。

要改变自己，必须用振奋人心的话代替泄气话。

"这是真正的挑战。""我很快就能突破这个难点。""阳光总在风雨后。""明天是崭新的一天。""事情会圆满解决的。""转机就在眼前。""这是千载难逢的好机会。""事情在进展中。""我有好几种策略可选择。""我知道胜利就在眼前。""事情有各种各样的可能性。"

当你看到这些话时，你有什么感受？还需多说吗？你是愿意生活在危机边缘，还是愿意锐意进取？

多使用令人振奋的语言,是法则。

想想当你使用振奋人心的语言时对他人的影响。看着你自己在微笑,听着你自己用情绪高涨的声音讲话……感受这种美好的感觉。

记下你平时经常使用的词汇和语句。如果出现了令人泄气的语句,赶快用振奋人心的语句来替代。例如,把一项几乎不可能完成的工作说成是挑战你的能力或发挥你的想像力的事情。

有时当你在和朋友讲话时说了不适当的泄气话,这没有关系,做出些改变即可。对方会从你积极振奋的语言中获益,而忘记你曾说过的泄气话。你甚至可以开个玩笑:"噢,我想我应该收回那句话,重说一遍。我正在尽量使用积极振奋的语言,因为那会让人们感觉好些,不是吗?"或者笑着举起手说:"错误对于我来说是好事,我正在学习。"当你表现出想从错误当中吸取教训时,人们会很喜欢你那样做。

如何让对方更好地接受你的暗示

想要对方接受你的暗示,单独靠语言来说也许有点儿吃力,毕竟这是暗示而不是明说,假如说得不好,别人没准还会对你留下一个鬼鬼祟祟的印象。

所以我们需要知道的是,即使是暗示,也不是把嘴巴凑到对方耳朵边上去那么"小家子气",相反,一个落落大方、气场强大的人,他给予的暗示,对方更容易接受和信服。

1.善用体态语言——让暗示的真实性更强

体态语言与有声语言相比,它最大的特点就是真实性更强。它们常常能够表达有声语言所不能够表达的情感，又往往比有声语言更简洁、生动。一个有修养的人，一个体态语言把握的十分到位者，给人的感觉一定很好。

亲切的表情

心理学家认为表情是感情或情绪的外在表现形式，表情是人的第二容貌。

人的表情千变万化：喜、怒、哀、乐、羞愧、惊讶、藐视、厌恶、傲慢、谦卑等等，无时无刻传递着人的各种信息。

生活中，行动有时往往比语言更具有力量。比如微笑，是缩短人与人之间距离最快捷的方法。

无论在何处，只要你不吝啬微笑，往往就能够左右逢源，顺心如意。因为微笑表现着友善、谦恭、渴望友谊的美好情感因素，是向他人发射出理解、宽容、信任的信号。

罗杰·E·艾克斯泰尔说："有一个世界通用的动作，一种表示，一种交流形式，它存在于所有的文化与国家中，人们不分国别、不分种族地使用它，并理解它的含义。它可以帮助你与各种关系的人交往，不论是业务伙伴还是朋友，它是人们交流中唯一最有用的形式，那就是微笑。"

微笑，是我们与生俱来的一种能力。如何自然、自如、自觉地使用它、表达它，需要经过有意识、反复的训练和培养。

怎样笑得真诚、让人接纳并感到温暖？怎样学会由衷的微笑？

这就要求我们注意以下一些要领：

(1)真诚的笑容源于内心；

(2)由衷的微笑关键在眼；

(3)理想的微笑还包括眼、嘴、唇的角度，笑要适度；

(4)美仪的微笑要注意声和形；

(5)每天在镜前微笑两分钟。

儒雅的手势

手势是通过手和手指来传递信息，它包括握手、招手、摇手和手指动作等。手势作为信息传递方式，是先于有声语言的。所以，手势语在日常交流中使用的频率很高，范围也很广。手势是仪态的重要组成部分，正因如此，手势的运用决不能等闲视之。

手势语言动作灵活多变，表达的信息也极为丰富。

五指紧握拳并摇动手臂，向上或向前摇动，可以用来表示强烈的要求。

掌心向下，并猛烈下压，是一种表示抑制或压制的手势，能给人一种强制性和权威性的感觉。

两手掌心向着自己的前胸，好像是在拥抱，可以用来抒发希望得到对方肯定和认可的心情。

伸直手掌像刀一样上下斩切，可以在作决定时表示自己的果断和坚决。

掌心向外，用力推出，用来表示拒绝之意。

在与对方的交谈处于僵持状态时，五指成尖，仿佛在拿一件小东西，表示心情还比较平静，为了实现与对方的沟通和合作，乐于听取对方的意见。

右手或左手伸出大拇指，通常表示对对方的称赞和肯定，是"很棒"、"极好"的意思。

两手十指指尖交叉并拢，放在胸前或桌子上，能让对方感受到自己充分的自信心。

恰当地运用手势，可以使你的形象更加生动鲜明，但是，手势的使用应该以帮助自己表达思想为准绳，不能过于单调重复。反复做一种手势会让人感觉到你的修养不够，有些神经质；不住地做手势，胡乱做手势，更会影响别人对你说话内容的理解。所以，手势要用得恰到好处，有所节制，否则，就会产生适得其反的作用。

仪态万千，手势领先。优雅地运用手势，从以下几个方面去理解并训练：

(1)手势因人而异。

不同的人有自己独特的手势。

男女手势有着本质的区别。手势的性别有明显的特质，男性刚毅有力，威武雄壮；女性轻柔、温婉、妩媚。千万不能互相混淆。

青年人血气方刚，朝气蓬勃，情感外露；成年人老成持重，沉着镇静，感情含蓄。手势在不同年龄段会有不同的表现方式。

(2)手势力求简约、自然、适度、和谐。

男性的手势一般简练明快，女性会比较琐碎繁杂。从美仪的角度，女性的手势应该着眼于简约，手势的繁杂会影响女性的妩媚。

手势是语言的辅助手段，不能过多过滥，哗众取宠；也不能随意发挥，宁少毋多，必须恰如其分，寓意深刻而动作精练。

手势运用贵在自然、适度、情之所至；动作必须端庄、高雅。自然适度的手势语言，符合要表达的内容、符合生活的美学情趣，是理、情、仪三者的和谐的统一。

(3)手势要训练，让其成为人体语言最和谐、最完美的组成部分。

手势是语言的辅助手段，贵在自然、适度，宁少毋多，恰如其分，做到寓意深刻而动作精练。

手势的形成不是与生俱来的，是受生活环境，语言习惯、个性修养、情感表达等多种因素的影响，有着浓厚的个人特质，清晰地反映着个人的内在修养。

得体的身姿

身姿是非语言交际关注和考察的重要内容，它能够反映人内心的各种信息。心理学家弗洛伊德认为：凡人皆无法隐瞒私情。尽管他的嘴可保持缄默，但他的手脚会多嘴多舌。

日常生活中的基本身姿的掌握要领：

站——人的整体形象，"站"是十分重要的部分。良好的站姿，让人感到朝气蓬勃、神清气爽。给人一种奋发向上、十分年轻的感觉。

从人体结构看，背脊是由骨头和肌肉组成。其实，光这两样还不够，还要有气和力的支撑。如你觉得生活十分精彩，便会有一种奋发向上的精神。这种精神物化为气，延伸到肌肉中，作为动力，塑造外形，便自然挺拔,显得富有精神。

站姿的基本要领:上长下压,前收后提,左右向中。

坐——日常生活中,坐的时间很多。但大多数人忽略坐姿,随心所欲,感觉怎么放松、怎么舒适、怎么习惯就怎么坐。其实,不同的坐姿与人的眼神、说话、笑容一样,能看出人的内心世界是真诚、友善?还是漫不经心、无礼?是具有修养?还是粗俗讨厌?同时,也是影响这个人日后身材和姿态变化的主要原因。

坐的标准:正式场合,坐时需左入,收腹,挺胸,占凳三分之二。忌满座,用臀坐。

有几种坐姿,可进行训练:

(1)上身收腹挺胸,双腿双脚并拢,目视前方,双手轻松地放在膝上。这种坐姿,适合正式场合。给人谦虚、诚实感。

(2)上身收腹挺胸,双膝交叠,双腿互碰成一线。这种坐姿,使腿看起来纤细。

(3)上身收腹挺胸,双腿并拢斜放。这种坐姿,适合坐矮椅、沙发,最显优雅、安全。

(4)上身收腹挺胸,双膝并拢,双腿微微分开。这种坐姿,坐在不受人注意的位置上,轻松随意,即便有人看见,也无损大雅。

(5)上身收腹挺胸,双脚交叠斜放,膝盖并拢。这种坐姿,在公交车内、办公桌前,较显放松。

(6)上身收腹挺胸,双脚向胸口收进,略微平行分开。这类坐姿适合男士。

以上坐姿,是良好坐姿的基础化训练。当我们以尊重他人为前提,并熟练掌握这些坐姿后,能衍生出许多方便可行、尊重他人、受人欢迎的仪表仪态。

走——古语云:站如松(直),坐如钟(挺),走如风(轻快)。充满朝气的走姿,给人意气奋发、勇往直前的感觉,这种感觉会有助事业的成功。

走的姿态(女性):

(1)脚掌向前,平行前进;

(2)掌心向内,微微握拳;

(3)前后摆动,幅度不超过30—40度;

(4)双腿并拢,轻微摩擦;

(5)脚尖脚跟,轻盈前进。

走的姿态(男性):

(1)脚掌向前,平行前进;

(2)掌心向内,微微收紧;

(3)手臂前后摆动,幅度不宜太大;

(4)双腿内收,稳步向前。

2.即使压制自己的意见也要先迎合对方

如果事先通过调查了解了对方的看法或主张,那么在谈话时,你就可以将其作为自己的意见主动提出来,而对方肯定会赞同你的说法:"是的,是的,我也这样想。"从而对你产生奇妙的认同感,或者说是同感。

比如,假设对方坚决反对公司裁员。

你就可以在他面前大肆宣扬裁员的坏处:"裁员只会降低员工的积极性,产生反作用。"因为对方也是这么认为的,肯定会同意你的说法。这样一来,就加深了他对你的信任,在你面前放松警惕。

如果对方崇尚独身主义,你可以说:"结婚后麻烦的事多着呢,真羡慕你们独身的人。"相反,如果对方婚姻生活幸福美满,你就应该说:"还是结婚好。"也许有人认为这样毫无原则地转变意见就像变色龙一样,但并没有什么不好,因为对方喜欢。

美国得克萨斯大学的教授经过研究证实,如果对方的意见与自己一致,人们一般就会认为对方的意见是正确的。并将这种现象命名为"一致效果"。

如果你能事先看透对方的想法,然后把它当成自己的意见提出来,那么在一致效果的作用下,就能增强他对你的信赖感。

人们对于和自己的主张不一致的说法以及反对意见,都相当敏感,比如类似下面这样的说法:

"是这样吗?"

"我不这么认为。"

"我感觉不太对。"

不管是谁,如果遭到了这样的反驳,感觉肯定好不了,还可能破坏他的情绪。如果一个人的情绪变坏了,他的嘴巴就会像贝壳一样闭得严严实实,再也不会说真话了。

因此,直接的反驳有很大的负面作用。要想让对方说出真心话,适度的"迎合"是必要的。

即便我们拥有明确的信念,有时也要根据对方的实际情况,隐藏自己的想法,或者说些和自己的想法不同的观点来迎合对方。

如果对方不喜欢你,就不可能对你敞开心扉。如果你认为让对方敞开心扉是最重要的,那么适当压制一下自己的意见也无可厚非。

中国战国时期的思想家韩非子认为,在看透对方心意之前,不能轻易说出自己的意见。假如你不合时宜地表达出了自己的意见,就有可能破坏对方的心情,导致谈话无法进行下去。

本书的目的是告诉你如何探究对方的真实想法,而不是如何和对方争论。为了达到这个目的,我们一定要有这样的心理准备——只要有需要就压制自己的意见。

自尊心过强的人,对于压制自己的意见多少会有些抵触。但是,最好不要为了自己的面子和自尊心去与对方争论,一定要有能够接受任何观点的胸襟。

对于相反的意见,要暂且表示同意

人和人的意见不可能在所有方面都保持一致。比如爱不爱吃肉,喜不喜欢工作等,人们的意见多少会有些偏差,这才是人际关系的有趣之处。如果所有人都像克隆人一样没有自己的想法，反而很无聊。

话虽如此，我们不管是在闲聊还是进行谈判时，最好将"意见不一致"控制在最小范围内。即便不同意对方的意见，也要将这些否定性的语言咽到肚子里，至少要在表面上表示自己有"同感"。

"您不喜欢吃炸土豆饼？说实话，我也不喜欢吃。"

"我也读了那本书，开头真是引人入胜，让我印象深刻。"

"正如先生所说，这个方案无法获得顾客的认可。"

就像这样，通过发表相同意见，就能拉近自己和对方的心理距离。

不论出于什么样的理由，反对都意味着扫了对方的兴。因此，尽量不要提出相反意见，特别是在初次见面的情况下，或者在想讨好对方的时候。如果能表示认同，说一些"的确如您所说"之类的话，会让对方感觉你是个不错的人。

"表示赞同"可以说是防止人际关系恶化的"预防针"。只要能在一开始发表一些相同的意见，即使后来在某些方面跟对方意见相左，彼此的关系也不会出现太大的问题。

我们不可能对反驳自己的人敞开心扉，甚至会反感或憎恨对方。相反，如果自己的意见能很快被对方接受，就愿意敞开心扉了。因此，最初一定要"容纳"对方的任何观点，而且这样做也可以迅速化解我们内心的紧张感。

"不是这样的。"

"你的说法中有很大的漏洞。"

"你的想法有些落伍了。"

总是遭到这样的反驳，估计不论是谁都会很恼火。特别是在刚见面不到10分钟的情况下，如果你凡事都唱反调，对方肯定会想"没有办法再和这种人交往了"。

总之，在开始的时候一定要表示同意。表示同意，其实是向对方发送了一种信号——我已经完全接受了你，对方肯定会很高兴。

擅长提问题的人，比如心理专家、律师、咨询师、补习班的老师等，毫无例外都擅长接受对方的观点,他们很少提反对意见。因此,他们容易得到对方的信任,从而能探听出别人无法问出的信息,甚至包括对方的隐私。

3.积极倾听,给你的暗示穿上"防弹衣"

积极倾听是一种非常好的回应方式,既能鼓励对方继续说下去,又能保证你理解对方所说的内容。要熟练地使用这种技巧,首先要知道,当别人和你说话时,发生着什么样的事情。

人际交往首先源于个人内心。对方先是有一些感受或者想法想告诉你。为了传递这个信息,他必须先将其转换成语言以及非语言代码,以便你能够理解。至于他选择什么样的代码,什么样的语言和动作,以及说话时的音调,会由他的目的、所处环境、和你的关系亲密程度,以及他的年龄、教育背景、社会地位、文化背景和感情状况所决定。这个把内心的想法和感受转换成信息的过程被称为编码。

例如,假设你在给一个朋友播放音乐。他很喜欢,却希望能柔和一些。你无法知道他头脑中的想法,于是为了让你知道,他把自己的感受编码,用盖过音乐的声音对你说:"声音关小点儿!"

一旦发送出去,信息就会通过一定的渠道传播(通常是双方之间的空气或者电话线)。这一渠道中的其他声音则经常会歪曲传递的信息。在这个例子中,高声播放的音乐声会造成一定的歪曲,你耳朵接收到的信息很可能会与对方发出的信息有很大差别。

在你进行解码、给接收到的语言和非语言信号赋予一定的意思时,不可避免地又会发生进一步的歪曲。你的脚趾、耳朵、眼睛、手以及身体的其他部分每秒钟会接收到将近4万个脉冲,而你只能将注意力集中于其中很小的一部分。至于你会注意到哪些部分,则受到你的期望值、需求、信念、兴趣、态度、经验和知识的很大影响。

萨斯雷、奥尔森和惠特尼(Sathré, Olson and Whitney)在《交谈》(Let's

Talk)一书中写道:"据说,我们说出来的只是我们所想的一半,而我们听到的又只有一半,能够记下来的还要再减一半。"

我们总是倾向于听我们想听的内容,看我们想看的东西。正如格式塔治疗运动的创始人福里茨·帕尔斯(Fritz Perls)所说:"这个世界的图象并不是自动进入我们大脑的,而是有选择的。我们不是在看,而是在寻觅着什么。我们不是听见世界上所有的声音,只是在听。"

正因为这样,对方发出的信息往往与你根据各种信号判断出来的信息有着很大的不同。你的印象往往并不与对方的意图相吻合。

在以上的例子中,如果你正确地理解了对方的信息,你就会得出结论:他希望把音乐声调低一些。但是如果你理解成:"你让我生气了。"你可能就会给出不恰当的回应。信息经常被错误地解码,而双方都对出现的误解一无所知。

这就是为什么积极倾听如此重要。你不应该过分地相信自己的直观感受并以此来行事,而应当掌握这门技巧,保证你准确地进行解码,了解对方真正的意图。

在这个例子中,你可能会说:"我惹你生气了,对吗?"

"没有啊。"对方也许会回答说,"我只是想让你把音乐的声音调低些。"

积极倾听,就是告诉对方你对他的信息的理解。这样,信息的发出者知道你在用心听,而你产生的印象会进一步得到证实或澄清。

以下是一些这方面的例子:

小李:我永远也调动不了。

小马:你有些灰心啊。(积极倾听)

小李:是的。每去一个地方,都叫我留一份简历,就再没有回信了。

小马:你觉得自己被敷衍搪塞了吧!(积极倾听)

小李:没错。如果没有职位,为什么不明说呢?

丈夫:今天晚上我不想让你去打牌。

妻子:你不希望我一个人出去玩吧!(积极倾听)

丈夫:没有,我只是不想一个人待在家里。

苏：我想回家。

阿博：玩得不开心吧！（积极倾听）

苏：是的，如果导游不是每过五分钟就催促一次，也许会好些。

阿博：你想让他给我们更多的时间。

苏：没错，我想现在就告诉他。

小娜：我们从来都没有出过门。

小乔：你厌烦了，想去旅行吧！（积极倾听）

小娜：是啊。好多年了我们都说退休后去看看乡村的风光，现在就去吧！

积极倾听在两种情况下尤其有用：

（1）当你不确定对方的意思时。

（2）当对方给予的是重要的或者感情上的信息时。对方会通过一些方式向你暗示，他们所说的事情是非常重要的：

在使用积极倾听这一方法时，根据自己认为容易误解的地方，以及认为最重要的信息，集中精力去揣摩对方想要表达的感情和内容。要得出自己的结论，你需要默问自己："他心里是什么样的感受？""她想要传达什么样的信息？"在你试探性地向对方做出回应时，你通常会用"你"这个字开头，而且在结尾会加上"是吗"，要求对方给出直接的回答。这样的话，如果你的结论是正确的，你会得到证实；如果你的结论是错误的，对方的回应通常会直接解释清楚存在的误解。

著名的演讲家齐克拉曾经说过，当你与别人交流时，你所说的都是你已经知道的，而当你倾听时，你是在学习别人已经知道的东西。如果对倾听进行简单的概括，那就是：闭上你的嘴巴，认真地听对方说。

在工作中如何倾听才有效呢？对某件事而言，人们不喜欢听相左的意见。会议中的意见分歧，电话会议期间走神，和别人谈话时脑子里却想着稍后的购物清单，这些都是不会倾听的具体表现，而这些可能就是最终让你名列裁员名单之首的首要因素。

积极认真地倾听不仅能让你自己变得消息灵通，同时也是让别人把你当做消息灵通人士的最佳方法。

当你倾听的时候：

请全神贯注。

关掉你的手机并把它放到一边，拿出你的记事本，眼睛专注地看着对方，向对方表示你的注意力已集中。与对方进行良好的目光交流，是与周围人群建立良性互动的最好办法。时间虽短，却立竿见影。

当你和某人说话时，你发现他心不在焉，顾左而言他，对这样的人，你一定是厌恶至极吧！这就是为什么我们需要停下手头的事，认真聆听对方讲话的原因所在！他是一个无法专心致志听人说话的家伙，因为总有干扰因素令其无法集中精神，比如口袋里的手机突然振动起来。或许在他看来，聆听本身并不是一件重要的事。或许他正集中精力思考自己手头那些事以至无暇他顾。因此，也别指望他会明白你到底在说些什么。也许到最后，对方还会认为你说了半天，却没有让他得到任何他感兴趣或觉得有用的东西。唉，这是多么聪明的借口啊。

别急着做总结。

尽管你认为自己已抓住讲话者的思想精髓，但这并不意味着你能就此松口气，走走神，做个到拉斯维加斯旅游的白日梦。

练习全方位聆听。

要知道，聆听的目的在于学习。那么，就请认真聆听在场所有人士讲的话，以及他们所表达的不同观点和意见吧。

确定自己听到的内容。

这点在面对面交流中非常重要。如果期间你确定自己没有明白对方所讲的意思，那就直接请他再说一遍吧。

"我想再确认一下你刚才表达的意思，你刚才是说……？"

或者直接说："你能将刚才的话再说一遍吗？很抱歉，我没有跟上你的思路。"

这些方法都能避免因沟通不畅而产生不必要的误解。

不要轻易打断对方的讲话。

我们有足够的理由相信打断别人讲话是非常不礼貌的行为，说得严重些，它还是一个人最招人烦且易招致自我毁灭的坏习惯之一。在表达自己的观点之前，请让讲话者先把话说完，并确认自己已明白对方表达的真实意思。

夸张地点头。

"总觉得这个人不好说话"——你千万不要给对方留下这种不好的印象，让他对你有所戒备。

假如对方无法向你敞开心扉，一方面可能是由于对方个性多疑，很难信赖他人。不过，更大的原因可能是你自身的问题。其中可以提到的一点就是，你在对方说话的时候，点头的频率太低了。

对方在侃侃而谈的时候，如果你不点头表示认同，他就会失去说下去的兴趣。想要撬开对方的嘴巴，点头是非常重要的技巧。

"不就是点头吗，每个人在无意识中都会做。"如果你这样想，就大错特错了。因为一般的点头无法让对方说出真实的想法，只有"速度稍快，夸张地点头"才有效果。

大部分人都会觉得自己的确一边在"嗯、嗯"地回应对方，一边在点头。但在第三者看来，这种点头的幅度太小。应该更加夸张地、以一种自己在全身心倾听的姿态点头，否则无法取得显著效果。

你可以用镜子检查自己的点头幅度。估计大家都会发现自己的点头幅度太小，这样肯定不行。

如果想让对方的谈话按照一定的节奏继续下去，你必须恰当地点头表示认同，这样能带给对方很好的感觉，他就能不停地说下去。

小提示：你的手机铃声代表的是你的行事风格，别给自己设置一个愚蠢可笑的铃声。在工作期间尽量关闭自己的手机铃声。要知道，当你在工作时，手机的每次响起都等于在给你的老板发出一条信息：我在偷懒。

延伸阅读：

暗示是一种有效的推销手段

很多时候，暗示也是一种有效的推销手段。

只要在交易一开始时利用这种方式，提供一些暗示，顾客的心理就会变得更加积极。

一旦进入交易中期阶段时，顾客虽会考虑你所提供的暗示，却不会太过认真。

但当你试探顾客的购买意愿时，他可能会再度想起那个暗示，而且还会认为是自己所发现的呢！

顾客不断地讨价还价，也许会使得商谈的时间延长，办理"成交"，又需一些琐碎的手续。

这些疲惫使得顾客在不知不觉中将这种暗示当作自己所独创的想法，而忽略了这是他人所提供的巧妙暗示。因此顾客一定会很热心地进行商谈，直到成交为止。

有些顾客，自以为无所不知、无所不能。认为不必与推销员打交道就可以买到最好的商品，和这种类型的顾客交谈时，你可以表现出一种毫不关心的客气态度，对出售商品毫不在乎的样子。比方说以冷淡的态度暗示顾客觉得你并不是那么在乎与他成交。而当你表现出这种态度时，一定会引起顾客的好奇心和兴趣。

道理很简单，如果推销员被认为不认真推销，或是没有能力推销，或是在行动上显示推销与否并无关紧要时，顾客一定很想证明推销员的失职情况。亦即是想表示自己是个重要人物，应该多受他人注意，于是就会购买他们的商品了。

应付这种顾客，你可以这样讲："先生，我们的商品并不是随便向什么人都推销的，您知道吗？"

此时,不论你向顾客说什么,顾客都会开始对你产生兴趣的。

"敝公司是一家高度专业化的不动产公司,专门为特殊的顾客服务。本公司对顾客和服务项目都经过精细的选择,这点相信您也有所闻吧!首先,请你谅解,顾客必须要有适当的条件。当然能符合这个条件的人并不多。但是,偶尔总有例外情形,您了解我所说的话吗?"

然后,再稍微向顾客谈谈生意上的事。"如果你想知道我们的服务事项,我可以找些资料来。在讨论资料之前,您要不要先申请简易的分期付款手续呢?这非但可以节省您的时间,同时可以方便我们的合作。"

顾客同意了,开始表示出想购买的态度来,而你呢?还是装出毫不关心的样子。一旦时机成熟,要稳健而热诚地为顾客服务,改用经常使用的方法来应付就可以了。

这种方法可以使用于讨价还价的阶段,在这个时候,你必须先散播些"暗示的种子",它就可使商谈顺利进行。

这种"暗示的种子"可使顾客本身更为积极,是让顾客也想早些达成交易的一种催化剂。虽然这是你所安排的手段,但顾客一直到达成交易时,仍错认为是自己所设计的呢。

刚开始谈生意时,就要向顾客做有意的商品暗示或肯定暗示。

——"先生,如果您家里装饰时用上我们公司的产品,那必然成为这附近最漂亮的房子!"

——"在这个经济不景气的时期,购买本公司的商品一定可以让您赚钱。"

当你做出"暗示"之后,要给顾客一些充分的时间,让这些暗示逐渐渗透到顾客的思想里,进入到顾客的潜意识中。

当你认为这是探询顾客购买意愿的最佳机会时,你可以说:"先生,你曾经参观过这一带的住宅吧,府上的确是其中最高级的。怎么样,买我们的商品,让您的生活空间更增添情趣吧!每个为人父母者,都想要自己的子女接受良好的教育,你是否曾经想过如何避免沉重的经济负担呢?建议您向本公司投资如何?"

"你有权利用自己的资金购买最好的商品。现在请您把握机会,购买我们的商品吧!"

有时候,推销员销售的产品整售要比零售效果更好时,也就是说,商品如果是成套的,或是必须同时几个一起购买时,你必须让顾客事先知道。

比如你推销的是不动产,你要让顾客知道,这块土地必须连同其他一起购买,不能只买其中之一。

当进入订购的阶段时,你可以说:"这块地总价X元,你认为如何?"

如果顾客因为资金不足而有所顾虑时,你不妨先暂时离开一会儿,再回到座位说:"刚刚我和上司商量过,您似乎很喜欢另外一块土地,本公司的意思是,只要您能保密,我们愿意分售这块土地给您。对您来说,应该较合适吧!您看怎么样?"

采用这种方法,大都可以成交出售。甚至有些顾客还会这么认为:"难道我只买得起一块地吗?"

暗示最大的妙处就在于让顾客觉得自己有购买的义务,比如在拜访客户的时候,最好是在作第二次拜访的时候,你可以让自己表现得舟车劳顿的样子,或者让衣服的显眼处沾点油漆等,这样一来,当你和客户见面的时候,对方必定会向你询问原由,这时你可以这样说:"没关系,刚才因为怕错过与您见面的机会,不小心弄上的……"

这虽然只是一个小小的技巧,但却能让顾客对你留下深刻的印象,这种方法非常简单,且有惊人的效果。

在顾客心中,他会认为你是因为他而变得如此狼狈,对你的遭遇,他深表同情和感动。当你们之间已存在如此微妙的关系时,便已接近成交阶段了。当然,你不能表现得过于露骨,让顾客一看便是一种故意和伪装。

总之,在推销中,你要想尽一切办法为你的推销成功铺设任何可行的道路,因为你的惟一目的就是让客户顺利签单。

第六章

读懂人心：
心理暗示在身体语言上的集中体现

通常人们在听到、看到他喜欢或不喜欢的东西，或者对于自己正在和你说的话感觉不舒服的时候，他的肢体动作往往会有所变化，这就是心理暗示在身体语言上的集中体现。

这种通过身体传达出来的暗示信号，比单纯的语言更具有说服力和可信度。

把握自己的身体语言，传达正确的暗示

在现实生活里，每个人无时无刻不在猜测别人真正的想法，企图从对方的一举一动里看出一点什么端倪。然而，我们自己根本不知道，这一切观察、归纳、结论的过程，几乎都是在不知不觉中发生——想想自己平时的行为，当我们对某人产生不信任的时候，通常不是因为某人说了什么，而是某人做了什么。

反过来说，我们也可能因为一些不经意的小动作，而让别人产生怀疑，甚至误解。

所以，即使我们实话实说，但是因为几个不当的行为举止，造成他人在潜意识中认定我们不值得信任。

1.为什么别人不喜欢你——你的身体语言给了别人什么样的暗示？

小王在一家外贸公司工作5年了，副经理跳槽，公司在未找到新主管时任命了来公司较久的小王暂任副总，使他终于有机会参加客户谈判。

这次是跟一家国外的红酒厂商谈区域代理的事情，这个单子对公司很重要。小王对这次商务谈判非常重视。他一心想要在谈判中顺利签单，好让公司看到自己的成绩和能力，以此来稳固自己的位置。

他特地购置了全套行头，又请造型师剪了新发型，把公司的报价单和意向书牢牢记在脑海里。

但一上午，双方在一些细节上还未达成统一，为了能尽快拿下自己上任以来的第一个单子。小王公司的总经理李总建议先休息一下，大家吃个饭，好缓解一下谈判紧张的气氛。

吃饭时，小王殷勤地给客户斟酒布菜，客户拿出烟正想点，小王赶紧凑过去说："张总，我来。"但摸口袋的时候，他惶然发现，自己心急之下忘了带打火机。张总的秘书看出小王的尴尬，将自己的打火机递过去，小王给张总点了烟，很自然地把打火机揣进了口袋，又开始给张总极力推荐本饭店的特色食品。

虽然小王很努力，但谈判最终未谈成，小王有些失落。但更让他意外的是，李总第二天早上直接叫他去了办公室，跟他说，他并不适合副总这个职务。

小王急忙辩解："单子谈不成也不是我的失职啊，我已经尽力了。你看谈判时我把资料都准备很齐全，吃饭的时候对他们也很殷勤。生意没成也不能都怪我啊。说不定是我们报价太高，或者别的什么……"

小王还要继续争辩，李总抬手制止了他。"我都看到了，你给张总点完烟,顺手就把他秘书的打火机放自己口袋了,你当时没看到张总的眉头皱了一下,脸上有明显的不屑吗?我还以为你晚上会自己反省到,看来你根本没这个意识。"

小王怎么也没想到,就是自己这个不经意的小动作让对方对他、对公司产生了反感。让公司丢掉了一百万的订单。在对方看来,一个占小便宜成习惯的人在生意上场上也是贪婪的。张总果断放弃了对他们公司的选择。

心理学家认为人无意中的肢体语言表达的是潜意识里的真实想法。也就是说,不光嘴巴能够说话,人的身体也能"说话",也可以像语言一样表达各种各样的含义。更让人感到庆幸的是,身体语言往往比嘴里说出的语言更能反映一个人的真实心理。

小王虽然表现得很殷勤很认真,但他不经意的小动作还是让张总看到了他的本质,因此丢掉了这单大生意。

跟不同的人说话,我们会有不同的习惯动作,这些动作是表现我们对待不同人的心情和想法。如果你仔细观察自己的肢体语言,你会发现自己在使用不同的肢体语言对待不同的群体,进而改变彼此的关系。

学会计出身的小米有一个不太好的习惯——只要一坐下就会跷起腿抖脚,而且越抖越厉害,用她朋友的话说,在桌子上放一杯水,只要她一抖脚,五分钟不到,杯子里一滴水都不会剩下。朋友跟她说了好几次,她总是不以为然,终于在一次面试的时候吃了亏。

一家公司招聘财务助理,她去面试,觉得那简直就是十拿九稳的事情,没想到竟然惹了一肚子气回来。负责面试的是一个四五十岁的中年男子,是公司的财务总监,一开始对小米特别客气,热情地接待她,还给她倒水。

小米一坐下,老毛病就犯了。财务总监觉得小米总是在动,开始还没注意,仔细一看才知道小米在抖脚,当时就一皱眉。他估计小米可能一会儿会停下来,强忍着不去看,继续面试。可眼睛老是不由自主地转向小米的身体,终于,财务总监受不了了,暂停了面试,出去喝了杯水。

回来一看，小米还是我行我素地抖着脚。

又谈了一会儿，财务总监竟然直言不讳地要求小米不要抖脚，小米立马跟对方理论了起来。财务总监毫不客气地说："拿好你的东西，你可以走了。"小米也不示弱："走就走，破地方，谁稀罕啊！"气鼓鼓地离开了。

抖脚这个小毛病，谁见谁都烦，你有没有类似的习惯性不雅坐姿呢？如果有，趁早改掉，千万别让它破坏你在面试时候的整体形象。

基本上，所有的公司在招聘面试的时候都会采取面对面的座谈形式，面试时间从十几分钟到几十分钟不等，坐的时间长了，渐渐地就会感觉到不舒服，会产生一些生理方面的变化，随后心理状态也会发生变化——自制力减退，注意力分散，坐姿会不自觉地发生改变，跷腿、抖脚、踏地面，甚至玩弄衣带、烟盒、笔、名片、纸巾等一些令人反感的小动作也会随机出现。

这些动作，会颠覆之前给面试官营造的有教养、有知识、有礼貌的印象，显得你不成熟、不庄重。比如，小米面试的时候在财务总监面前抖脚，也许她个人觉得这根本就是一件无足轻重的事，认为这完全是个人行为，只要自己愿意谁都管不着，但是别人会被抖得心烦意乱。比如财务总监很可能会觉得她这个人品行轻浮、不够稳重，完全不胜任财务助理这个职位。抖脚这个动作确实是一种不耐烦或者对别人不尊重的表现，甚至在一些人眼里这是一种没有素养的行为。

如果你在面试官面前有类似的行为，他给你的总体印象分，一定会大打折扣，甚至会对自己原来已经作出的决定重新考虑。

说到这里，也许你已经注意到自己的过去，可能传递了不少错误讯息给别人。当然，亡羊补牢，犹未晚矣。然而，改变也不会在一夜之间发生，所谓冰冻三尺非一日之寒。十多年养成的习惯，如马克·吐温说的："坏习惯是一袋垃圾，不能从窗户扔出去，要从楼梯一级级地提到楼下去丢掉。"

2.利用身体语言暗示,让成功变得更简单

从你在客户眼中出现,到你开口说话的这一段时间,你一直都在"表达",只是并不是用嘴,而是用你的眼睛、你的动作、你的全身,他们能够从中发现很多信息。你的这些表现,会让客户在第一时间就做好应对你的准备,决定是否要听你说话。

因此,在开口之前、在交谈之中、在告辞之时,你都必须时刻用你全部的身体向你的客户传达你对他的敬意与好感,暗示出你所要说的话的重要性。

杰克是一家知名家电生产厂家的销售员,他曾经为当时销售业绩极其不理想的冰箱产品,注入了起死回生之力。

在那段时间,该厂生产的冰箱虽然品质优异,却无人问津。杰克作为该厂创业阶段的销售员,想尽各种方法,也推销不出多少台冰箱。正在苦苦思索、推销乏术的时候,他的一个朋友给他出了一个主意:让客户参与进来,而不是光靠杰克口头宣讲。

杰克给自己的推销设计了几种方案,最终选择了其中一种。当他再次推销的时候,为了证明该冰箱的制冷功能,先以手弄脏了为由,将自己的一只手摊开,接着他拿出一条湿毛巾盖在手上,然后把手伸进冰箱里。因为那条毛巾是湿的,所以很容易就会和手吸在一起。这时候他就告诉对方:"我们的冰箱最低温度能够达到零下25度,任何东西放到里面,都会立刻结冰,如果我的手这样放上一分钟,估计您就得帮我叫救护车了。不过冰箱的耗电量会大一些,如果您不想把东西冰冻起来,存到下个世纪的话,也不用把温度调那么低,因此,实际上也不会耗费那么多电。"

通过杰克如此的表演和言辞,很多客户都相信了他们的冰箱质量的确名副其实,他们的冰箱销量也大幅上升了。用这种方法表现冰箱的

强冷,的确是很有效的临场表演。

心理学家认为，一个人外部表现出来的某种姿态是其内心状态的外在展示,它依这个人的情绪、感觉与兴趣而定。甚至有时候,一个从内心所发出来的姿态，要比成百上千句话更有分量。在推销产品的过程中,如果你能做出一些显示积极形象的姿态或者动作,往往能够为你的推销和示范增色,并且收到更好的效果。

尽管很多自然而然流露出来的动作和姿势不是凭自己的主观意识能够控制的,但这也不是说姿态就是死板的动作,完全可以任它自由发挥,你还是可以根据自己的想法,把姿态加以改变,让它变得更加柔和、舒展、自然。当然了,也不要把它训练成为一种模型,那样不但看上比较单调,而且也会让对方觉得你举止可笑、有失礼节。

在和别人交流的时候使用身体语言,宗旨在于协助有声语言,更好地表达自己的思想感情。

首先要了解一些常见的身体语言的"暗示"：

开放与接纳:咧着嘴笑;手掌打开;双眼平视。

配合:谈话时,身体前倾,坐在椅子边缘;全身放松、双手打开;解开外套纽扣;手托着脸。

自信:抬高下巴;坐时上半身前倾;站立时抬头挺胸、双手背在身后;手放在口袋时露出大拇指;掌心相对、手指合起来呈尖塔状;翻动外套领子。

紧张:吹口哨;抽烟;坐立不安;以手掩口;使劲拉耳朵;绞扭双手;把钱、钥匙弄得叮当响。

缺乏安全感:捏弄自己的皮肤;咬笔杆;两个拇指交互绕动;啃指甲。

挫折:呼吸急促;紧握双手不放;拨头发;抚摸后颈;握拳;绞扭双手;用食指点物。

防卫:双臂交叉于胸前;偷瞄、侧视;摸鼻子;揉眼睛;笑时紧闭双唇;紧缩下巴;说话时眼睛看地上;瞪视;双手紧握;说话时指着对方;握拳作手势;抚摸后颈;摩拳擦掌;双手交握放在后脑勺,整个人向后靠在椅背上。

其次,要掌握一些"暗示的艺术":

(1)要保持一定的距离。

与别人见面时不要站得太近,而且千万记住,脸上不要有生气的表情。因为靠太近是一件令人不舒服的事,很容易使对方觉得困扰。要使自己的身体与对方保持一定距离,至少保持两英尺以上,异性要更远一点。

(2)要给对方留有空间。

绝对不要把对方逼到墙边,否则他会觉得有压迫感。要给别人留点转身的空间,这意味着他能自由转身走开。

(3)要注意自己的语言。

当你在一个团体中谈话,你的肢体语言若不是快活、文雅而是鲁莽、消极,效果是不好的。

(4)要注意自己的坐姿。

端正地坐在椅子上。假如你靠在椅子背上,双脚向前伸出,你的身体这时候就是在说:"管你说什么。坦白讲,你让我觉得无趣。"

(5)要注意自己的形象。

与某人谈话时,端端正正地坐着,当然不是一动也不动就像一个歌德式雕像。

(6)要注意对方的脸面。

双眼注视说话者的脸部,视线不要无目的的四处游移。对说话者全神贯注就是礼貌。

(7)要注意自己的体态。

双腿保持不动,不要不停地改变位置,或者交叉来交叉去。因为后者的肢体语言不是表示关节疼痛,就是意味着想离开。如果你让膝部上下抖动,那表示你对现在单位或某个问题厌倦了。这个动作透露出你心里的感觉,除非你想,否则最好掩饰一下。

(8)要注意自己的仪表。

为了形象的关系,在台上时尤其必须注意自己的仪表。

　　如果你是正在洽商的女士，请注意自己的坐姿。女性主管对此尤其要注意，如果你穿着短窄裙，坐着时就要双腿并拢，而且要注意自己的姿态。

　　女士如果坐姿不雅，等于是对在场的男士发出错误的肢体语言，做了暧昧的暗示而不自知。

　　第三：要学会适时、适当、正确地使用身体语言，不能夸张、轻浮。

　　首先，要自然。自然是运用身体语言的第一要求。比如，有时候你会见到有的人在说话的时候就像背台词一样，动作生硬、刻板、做作，跟木偶没什么区别，这种表现一定会让人看上去觉得别扭、不真实、缺乏诚意。在交谈的时候，你应该出于自然，不能故作模样，这样才能得到他人的信赖。

　　其次，你的动作应该保持大众化，而且要简洁明了，举手投足一定要符合大众的一般生活习惯。如果搞得复杂繁琐、拖泥带水，甚至表现得龇牙咧嘴、手舞足蹈，像是在演话剧一样，既会喧宾夺主，妨碍有声语言的正常表达，又会给人一种眼花缭乱的感觉，让人看不懂，不知所以。也就是说，在使用手势或者摆出某种姿态的时候，一定要克服不良的习惯动作，尽量让它雅观一些，那种无意义的、多余的手势，只会影响你和客户之间的正常交往。

　　再者，你要让自己的肢体动作表现得适宜、适度，也就是说，你的动作要适量，不能影响客户对你说的话的注意力。如果你说话的时候动作太多，就不是在展现你的口才，而是在表演。另外，你的动作还应该与说话的内容、情绪、气氛保持一致，绝对不要故作姿态、故弄玄虚，甚至手口不一。如果你拿着产品资料，递给客户，却让他看大屏幕，客户一定会被你搞得晕头转向、大惑不解。

　　最后，在交谈的时候不要总是保持同一种姿态，而是应该富有变化。尽管有时候某些动作上的重复是有必要的，如保持比较固定的坐姿、表情，毕竟它能够重现或强调某些事情或者你的情绪，但如果一而再再而三地重复一种姿势、表情、手势，一定会让你显得迟钝死板、单调乏味,说不定客户会随着你的同一个手势的节奏慢慢入睡。因此,在和客户对话的过程中,应该根据不同的内容、情绪的变化,适当地变换动作和姿态,以表明你生动活泼,富有朝气和魅力。

在交谈的时候,你还应该注意一些身体语言禁忌。因为有一些不雅的动作、令人不舒服的坐姿或者具有攻击性的姿态,很可能会颠覆你的形象,让你前功尽弃。

比如说,在会见客户的时候,最好不要双手环抱在胸前或者跷二郎腿;你可以看着客户,保持基本的眼神交流,但是不要像审问犯人一般死盯着对方不放;要跟客户保持一定的距离,双脚可以适当打开,不要紧闭,并放松双肩,这样会让你显得很有自信,不具有威胁性;当客户说话的时候,不要弯腰驼背,显得作风懒惰,要轻微点头微笑,保持身体微微前倾,以表示自己对他说的话很感兴趣;坐的时候,不要显得坐立不安、手足无措,否则会让客户觉得你过于拘束,或者有所隐瞒。

3.正确解读身体语言暗示的三大规则

身体就像一个无法关闭的传送器,时刻传送着人们的心情和状态。语言通常用来表达正在思考的东西或概念,而非语言信息则较能传递情绪和感受。因此,在解读时,必须考虑当时的情境、关系深浅、文化背景等外部因素。

例如在西方,拥抱、亲吻是普通的社交礼仪,但在东方,却可能会被误解成轻佻无礼。

具体来说,我们要这样理解:

第一:连贯地理解。

初学者经常会犯一个最致命的错误,那就是将每个表情或动作分离开来,在忽视其他相联系的表情或动作以及大环境的情况下,孤立、片面地解读他人的肢体语言。譬如说,挠头所表示的含义有很多,比放说尴尬、不确定、去头屑、头痒、健忘或者撒谎等等，所以，其具体含义应当取决于同时发生的其他表情和动作。

和说话一样，肢体语言也有词组、句子和标点之分，每一个表情或动作就好比一个单词，而每一个单词的含义都不是唯一的。例如，在英语中，"dressing"一词就至少有十种解释，其中包括穿衣服的动作、食物的调味料、肉类食物的配菜、伤口的包扎敷料、化肥以及马饰等等。

因此，只有当你把一个词语放到句子里，配和其他词语一起理解时，你才能彻底弄清楚这个词语的具体含义。以句子的形式出现的动作或表情被称为肢体语言群，就好比我们如果想说一句话，就至少需要用三个词语来组织才能清楚地表达说话的目的。

可以这么说，如果一个人能够读懂无声的肢体语言长句，并且准确地将他们用有声的话语表达出来，那么，他的感知力一定很强，或者说他的直觉一定很灵敏。

比如，挠头可以表示不确定的意思，但是也可以看成是一个去头屑的动作。

所以，如果你想获取准确的信息，就应该连贯地来观察他人的肢体语言。

当我们感到无聊，或是有压力的时候，我们常常会不断地重复做一个或者多个动作。不停地摸头发或玩头发就是这种情况下我们最常见的一种表达方式，可是，假如不考虑其他动作或表情，同样的动作却很有可能表示这个人心中很焦虑，或是不确定。人们之所以会在这样的情况下做出摸头发或抚摸头部的动作，完全是因为当他们还是个小孩的时候，他们的妈妈就是用这样的方式来安抚他们的。

推销员小赵很郁闷地从客户公司走了出来，从楼下望着客户办公室的窗户，不禁叹了口气："这个客户太难捉摸了。"

事情是这样的：上个星期三下午的时候，小赵带着产品样品，来到了客户办公室。这是客户上次在电话里特别说明的，说希望能够带一些样品来让他们试销一下，如果觉得效果不错就批量订购。

今天又来到了客户公司,客户说试销的情况不太乐观,效果一般,跟其他的产品相比似乎没有什么优势,唯一的一点优势,就是由于是新品上市,价格比其他的产品要便宜一点。客户说如果每箱的进价能降低10块钱,他们就考虑一次性进货100箱。

小赵说这个条件恐怕没有办法答应,因为公司有规定,只有一次性采购500箱或者最低签订三年的购销合同才能享受这样的折扣。随即,小赵又开始拿自己的产品和其他的产品作比较,试图说明自己的产品的确有过人之处。

刚开始的时候,小赵没有注意,后来仔细一看才发现,客户正在闭着眼睛,自己说的话都不知道客户是否听得进去。客户如此,自己又不能叫客户睁开眼睛。但这样下去也不是办法,过了一会儿,小赵还是先开口跟客户告辞了。

睁眼、闭眼是十分常见的眼部动作。一般情况下,人的眼睛总是睁着的。这意味着比较积极的心理态度。如果客户喜欢他眼前的东西,或者对你提供的信息感兴趣,他不仅会保持正常的眨眼状态,也就是睁着眼睛,甚至会把眼睛睁得大大的,最大限度地把你的产品看得清楚,或者获取更多的信息。

那么,是什么样的心理活动让人像小赵的客户那样不自觉地闭上眼睛了呢?

从生理学的角度上来说,闭眼代表着睡眠和休息,此外,闭眼还能表示防卫的意义,比如说当一个人遇到危险的时候,他就会不由自主地闭起眼睛来。由此可见,闭眼的动作暗示了一个人想要保护自己的心理。眼睛这种趋利避害、保护自己的动作,明确地展示了一个人复杂多变的心理活动。

还有一种情况,就是当一个人感觉受到了胁迫或者碰到了自己不喜欢的人或物的时候,会主动闭眼。这种动作的目的是通过阻断视线,避免让自己看到自己不想看到的东西,所谓"眼不见心不烦"就是这个意思。

当然了,如果一个人想要表示对你的轻蔑、不喜欢、生气,甚至是听到不喜欢的声音，都会闭上眼睛。如果你看到客户有类似表现的时候，就应知道，这个人要么是心不在焉，要么是对你起了疑心，要么是在对你表达不满的情绪。

毫无疑问，客户闭上眼睛绝对不是代表他正在考虑是否购买你推荐的产品，采纳你提出来的建议，而是在以无声的方式表示自己的否定态度。

不过有的时候，客户心有不满，并不会总是闭着眼睛，他还会有其他几种表现方式，比如眨眼的时间超过一秒钟，让你看了感觉客户马上就要沉沉入睡一样，或者眯着眼睛，眯到只剩下一条缝，几乎看不到他的眼睛，或者用手、眼镜或者其他东西遮住他的眼睛，以阻止双方正常的视线交流。

不管是哪一种，表示的基本意思都是一样的，就是厌烦、怀疑、不感兴趣，甚至是藐视或蔑视，以强调自己的优越感，保留自己的态度等。这个时候，要么你以小赵为榜样，选择落荒而逃，要么就想方设法打破沉默的僵局，让对话继续下去。

首先你必须保持自然、平和的态度对待客户，毕竟不管客户态度如何，都是再正常不过的事情。这个时候，需要你表现出对客户的尊重和顺从，绝对不能强行辩解，更不能批判客户的观点。

然后你要提出必要的探询，并确认疑虑所在。如果你觉得口头上的说服已经难以见效，当客户在怀疑你的产品质量时，你不妨提供一些必要的证明资料，比如有效、权威的认证资料，以消除客户的一些疑虑。

总的来说，就是要尽量让客户重新睁开眼睛，当然，如果你确信客户已经100%失去了购买诚意，也不要再多费唇舌。你可以留下你的联系方式，告诉客户以后有机会再合作，然后礼貌地告辞，毕竟"买卖不成仁义在"，以后有的是重新来过的机会，何必非苛求一次成交呢？

第二：一致地理解。

研究表明，通过无声语言传递的信息所产生的影响力是有声话语的五倍，而且当两个不同的人进行面对面交流的时候，尤其当这两个人都是女人的时候,她们几乎会全部依赖于无声的肢体语言进行交流,而无视话语所传递的信息。

如果你是一名演讲者,在某次演讲中,你邀请某位听众上台来发表他对你演说内容的意见,而他回答说,他并不赞同你的观点,那么,他通过肢体语言所传递的信息就应该与他的话语表意相吻合,也就是说,两种语言所表达的意思完全一致。但是,假如他口头上表示赞同你的话,但是,他通过肢体语言所传递的信息却并非如此,那么,他就很可能是在撒谎。

当一个人的话语与他的肢体语言相矛盾的时候,女性听众大都会忽视他的话语意思。

当你看见一位站在演讲台后的政治家一边信心十足地向观众们说,他有多么尊重年轻人的意见,并承诺一定会虚心接受他们的建议;一边却又将自己的双臂环抱于胸前(以示防御),并且下巴微沉(批判、充满敌意的象征),那么,你还会相信他的说辞吗?假如他试图用热情且充满关切之情的口吻来打动你,并且还不时地用手敲打演讲台以吸引你的注意,那么,你是否会真的被他的言行所征服呢?西格蒙德·弗洛伊德曾经遇到过一个案例。案例中,病人告诉他,她的婚姻生活十分幸福。在谈话中,这位病人不断地将她的结婚戒指取下,然后又戴上。弗洛伊德注意到了她的这一无意识的小动作,他很清楚这意味着什么。所以,当有消息传来说她的婚姻出现问题时,弗洛伊德并不感到惊讶,因为一切都在他的意料之中。

观察肢体语言群组,注意肢体语言与有声话语的一致性就好比两把金钥匙,能够帮助我们打开肢体语言的宝库,从而正确地解读出无声语言背后的真正含义。

最后,还要结合语境来理解。

对所有动作和表情的理解都应该在其发生的大环境下来完成。例如,如果在一个寒冷的冬天,你看见某个人坐在一个公交车的终点站里,双臂紧紧环抱于胸前,双腿也紧紧地夹在一起。那么,这个时候,你就应该知道，他之所以摆出这种姿势，很有可能是因为他很冷，而并不是因为他想保护自己。但是，如果是你和某人隔桌而坐，而你又试图向他阐明自己的一些观点，或是向他推销某种产品和服务，面对你的说辞，对方摆出了一个和上面那个男人一样的姿势。那么这个时候，你应该明白，对方其实是想借此告诉你，他对你的话持否定的态度，或者说他对你的推销很抗拒。

观察肢体语言群组，注意肢体语言与有声话语的一致性就好比两把金钥匙，能够帮助我们打开肢体语言的宝库，从而正确地解读出无声语言背后的真正含义。

本书中所谈到的所有肢体动作和表情都应该结合当时的情景来理解，同时，请不要忘记，你也应当综合前后动作和表情，连贯地思考问题。

英子在一家网络公司负责售后服务。这天早上她出门之前和婆婆大吵了一架，结果没有赶上公交车，迟到了十几分钟，被公司扣了二十块钱，她因此愤愤不平，直到上班的时候还是气鼓鼓的。

很不巧，刚刚过了半个小时，就来了一位先生向英子投诉，说用了他们公司的2兆的宽带，网速仍然慢得要命，开始的时候，英子试图耐心地对他解释。可对方根本就不听，看着蛮不讲理的客户，英子的火气也大了，她眉毛怒气冲冲地向上挑着，嘴角向下咧着，嘴唇也有些轻微的颤抖，再过一秒钟就有破口大骂的可能。

恰巧这时候客服主管看到了这一幕，赶忙过来"劝架"。好不容易才平息了这场干戈。客服主管把客户请进了办公室，面带微笑地问："先生，您能把您的具体问题跟我说一下吗？我一定尽力帮您解决。"

那位先生的脾气稍微小了些，说："以前我就是用你们的宽带，1.5兆的，感觉上网、下载东西，都挺快的。后来有一次我来交网费，看你们2兆的才比1.5兆每个月多交十块钱，网速还能快不少，我就换了2兆的。可换了之后，网速一点都没有快！"

客服主管很关切地说："真的啊？我想一定是有些地方出了问题。您先别着急，我马上让我们的技术人员去您那里检查一下。"

"还有你们那个客服,什么态度啊!干脆辞掉她!"还没等客服主管说完,客户又紧接着说道。

客服主管抿着嘴角,一脸的严肃,用力地点点头说:"你说得很对,我对我们的员工有如此的表现十分抱歉,在此我代她向您表示郑重的歉意。另外,我一定会批评她的,并且根据公司的相关规定对她进行处罚。以后还请您多多监督我们的服务,随时向我们提出意见和建议。"客户一边点着头,一边说一定会的。然后,客服主管就陪着客户,带上一名技术人员出发了。

客户永远是站在他自己的角度思考问题的,对于他的观点和想法,如果你极力反对,绝对不会达成目的,只有对此表示认同、赞赏,才能获得客户心理上对你的认同。

在这个过程中,你的表现不应该只停留在语言上,还需要辅之以必要的面部表情。

有人曾问古希腊大演讲家德摩斯梯尼,演讲家最重要的才能是什么。他回答:"表情。"又问:"其次呢?""表情。""再次呢?""表情。"

演讲家嘴里说的表情就是心理学上说的表情语,它是一种通过面部表情来表达情感、传递信息的体态语言,眉开眼笑、怒目而视、愁眉苦脸、面红耳赤、泪流满面等都是比较典型的面部表情。表情语,也叫面部表情,是人类的基本沟通方式,也是情绪表达的基本方式,更是个人情感的"晴雨表"。一个人内心世界所有的复杂活动,都可以通过面部表情的变化表现出来,而且比嘴里讲的语言复杂千百倍,表达的意思也更丰富、更深刻。通过观察和了解一个人的面部表情,可以测量他的情感,甚至人生态度、人格和价值观。

面部表情可以清楚地表明一个人的情绪,而且这种表现往往是非随意的、自发的,但也是可以控制的。在人际沟通的过程中,你完全可以有意识地控制自己的面部表情,以加强沟通效果。

前面故事里的英子一副斗鸡式怒冲冲的表情,谁见了都会心情郁闷,更何况是面对被称为"上帝"的客户呢?相比之下,客服主管一脸关切和严肃的表情，尽管未必真心，但无疑这种对面部表情的人为控制，会让客户觉得你是真诚地把他当成"上帝"，认同他的观点，接受他的意见，客户并非得理不饶人，面对你诚恳的态度，纵然心如钢铁，也会化成绕指柔。

因此，要想让思维角度和你完全相反的客户心甘情愿地听你的话，就必须设身处地了解客户的想法和需求，考虑到他的切身利益和感受，并不断肯定和强化这种需求、利益或者感受。销售员要学会放弃自我，用换位思考的方法，真诚地为客户着想，并在自己的面部表情上表现出来，并表现出对客户的关注、关心和认同，这样才能真正帮助客户解决问题。毕竟最终能够为客户解决问题，才是一个销售员真正的价值所在。

美国心理学家艾伯特·梅拉比安在一系列研究的基础上得出了一个公式：信息的总效果=7%的言辞+38%的语调+55%的面部表情。由此可见，面部表情在信息传达中起着多么重要的作用。在和客户交谈的时候，如果不注意表情上的配合，很难得到客户真正的认同。

既然面部表情比言语更能明显地表达心理动态，你可以"制作"一些表情，对客户表示认同。因为在现实社会，面部表情已经不再是一个单纯的内心符号了，已经升级成为一种交际手段。这种出于文明礼仪需求的"表情面具"，能够起到愉悦对方的作用，正如心理学家所说的，每个人都非常渴望引起他人的注意或认同，没有人喜欢总是跟自己对着干的"杠头"。和客户对着来，绝对不是表现你的执著或者聪明的好办法。

人们常说："出门看天气，进门观脸色。"在面对客户的时候，为了使自己的面部表情真正起到传情达意的效果，必须做到情绪饱满、精神振奋，态度和蔼，感情热忱。比如说，当客户提出一个问题后，你可以轻轻皱眉，以示思索；当客户提出了一个观点的时候，你应该轻轻点头，面带微笑，表示赞同和尊重。

其次，要想用脸"说话"，就必须做到端庄中见微笑、严肃中有柔和，千万不要在客户面前板着面孔、拉长脸。否则，很难给客户一种自然、明朗的感觉，那么你的这种情绪自然也会影响客户的情绪和心境，甚至是对你的态度。

另外，为了配合你的表情，你应该勇敢地开口。毕竟仅有认同别人的态度是不够的，你必须让对方清清楚楚地知道你的态度。你应该勇敢地直视着对方的眼睛说："您说得很有道理"、"我理解您的心情"、"我明白您的意思"、"我认同您的观点"、"非常感谢您的建议"、"您的问题问得很好"、"我知道您这样做是为我们好"，而且永远不要陷入争论的陷阱，因为和客户争论，不管过程怎样，结果都是你输。

解读对方的身体语言——他在暗示什么

在日常生活中，别人喜欢你或者讨厌你，出于某种原因，大部分人未必会对你明说，却会自觉或者不自觉地采用肢体语言来暗示你。尤其是在职场上，我们遇到最多的就是来自"上司的暗示"——很少有上司愿意跟你把话说明白，他们多半喜欢采用暗示的方式。

下面试以职场人士为例，教你读懂对方的"身体语言暗示"。

1.来自头部的暗示——点头、摇头和眼神

销售部的徐经理拿着一摞上个月的绩效考核表，走进了和总办公室。和总一皱眉："怎么这么多？"徐经理连忙道歉，说："和总，是这样的，上个月小刘走了，这回只有我跟老张统计表格，人手不够。其实，还有一部分没有统计完呢……"

和总"嗯"了一声，接过绩效考核表，看了起来："为什么上个月那么多人请假？我们不是有规定吗，每个部门同时请假的人不准超过三名，

你看看，财务部一共才五个人，上个月十五号就有四个人请假，难道你不知道吗？"

徐经理有些冒汗了："这个，是这样的，当时情况有些特殊……"

和总摆了摆手，接着看表。看到最后，是一张招聘申请和指纹打卡机添置申请。"你刚刚说你们部门缺人手是吧？"徐经理点头说是，最近有些忙不过来，因此才提出来招聘一名文员，协助他工作，还有之前的打卡机有些不太好用，想干脆换一个指纹识别的。

和总仍然看着报表，点了好几下头，表示同意，然后把报表给了徐经理，让他整理好再送过来。"和总，打卡机要换吗？"徐经理问。和总低头想了想，说："可以换，我直接跟财务打个招呼就可以了。"

徐经理出了和总办公室，长出了一口气。可半个月过去了，不见人力资源部的人找他来商量招聘文员的事，也不见有人去买指纹打卡机。徐经理一头雾水：这和总在打什么算盘？他不是明明都答应了吗？

你有没有遇到过类似的情况，貌似上司总是"出尔反尔"，实际上，真的是这样吗？你真的察言观色，了解了上司真正的态度和想法了吗？恐怕那只是你的一厢情愿而已。

上司们真的如所猜测的那般出尔反尔、捉摸不定吗？未必。就如上面的徐经理，如果仔细观察和总的头部动作，而不是把心思全放在听上司怎么说，从上司的表面动作上，就能了解一些端倪。那么，和总的真正意思又如何呢？

首先说点头的动作。

曾经有行为心理学家专门对先天盲、聋、哑的人作过研究，发现他们也用点头表示肯定，最后得出了一个"点头天生论"，甚至在世界各地，点头的动作，都表示"是"的意思，即肯定的态度。当然，不排除有的国家用摇头表示"是"的意思。但是，如果在两个人的谈话中，一个人点头过于频繁，比如对于对方的一句话、一个观点，像和总那样，频频点头，超过三次；很可能就不再意味着他同意或赞成这个人的观点，很可能已经暗暗地表示出了他的不耐烦或否定的意味。尤其是当点头的动作与谈话的情节不符的时候，更能说明他根本就没有在认真、专心听你说话，或者他在刻意地隐瞒着什么。因此，对于点头的动作，应该在察言观色之后再作定论。

另外，再说言行不一的表现。

如果你在征求上司的意见，想知道对方是否同意，比如徐经理问和总的"打卡机要换吗"，一定不要把注意力只放在他说了什么上，还要仔细观察在他回答时，他头部自然流露出来的动作与他的回答是否一致。

当他表示同意你的观点、接受你的建议、答应你的申请时，注意观察他的头部动作，如果他的同意、接受、答应是发自内心的，也就是说所持的态度是肯定的，他会伴有微微点头的动作，这时候你就可以对他的回答抱以信任。如果他在肯定地回答你时，没有点头示意，与和总一样"低头想了想"，甚至伴有摇头的迹象，基本上可以判定他是口是心非，那么对他的回答就不要抱有太高的期望了，他的肢体语言已经本能地流露出了他的否定态度。

头部的动作，也叫首语，类型比较简单，但是很重要，因为这些动作与肢体语言、面部表情相比，更容易被人忽视，而且往往伴随着一个人的说话不自觉地就发生了。

在人际交往中，最普遍的头部动作有两种，即点头和摇头。行为心理学家通过调查和研究证明点头表示肯定是天生的，摇头表示否定是后天习得的，但这两种头部动作的基本含义在人们的潜意识中已经根深蒂固了，不管人类的智慧进化到多么高深的程度，这种骨子里的东西不是想有意掩饰就能做到的，可以说无法根除。基于此，在面对上司的时候，观察上司对某件事情是持肯定态度还是持否定态度，就有了观察判断的基本依据。

点头的动作一般是用来表示肯定或者赞成的。由于身体语言是人们的内在情感在无意识的情况下作出的外在反应，因此，当上司怀有积极或者肯定的态度，说话时就会由衷地点头作出一些暗示。

摇头的动作，通常表达"不"的意思。如果上司对你的意见表示赞同，并且努力想让这种赞同的态度表现得诚实可信，你不妨观察一下他在说这些话的同时，有没有作出轻微的摇头动作，如果他一边说"我非常认同你的看法"、"这个提案听起来棒极了"、"我明天就安排人去做"，一边轻轻摇头，那么不管他说得多么真诚，都折射出了他内心的消极态度。如果你足够聪明的话，最好留个心眼，别天真地信以为真。

说话的时候把头部向一侧倾斜，甚至露出了喉咙和脖子，相比来说，女性比男性更容易摆出这种造型，这是一种让人看起来比较弱小、顺从和缺乏攻击性的行为。如果你的上司有如此的表现，歪着头，身体前倾，手支撑着脸颊，做思考状，那么你就可以确信你所说的话具有相当的说服力，他已经在认真考虑你的提议了。

有的人在说话的时候，喜欢仰起头。如果你的上司有这样的头部动作，一定不能掉以轻心。一般来说，仰头暗示着高贵和自命不凡，或者在不自觉地强调某种自身的优越感，这意味着你们之间的对话是不平等的，他可能会对你的提议比较排斥，甚至是轻视。

还有一种情况，就是一个人在听别人说话的时候，会低着头，甚至把手臂交叠放在胸前。这种压低下巴的动作，往往意味着否定、审慎或不接纳，甚至是具有一定的攻击性。比如，前面案例中的和总在同意徐经理提出的要求之前"低头想了想"，其实已经是在表示否定了。通常，人们在低着头的时候往往会形成批判性的意见，因此只要你的上司在面对你的时候，不愿意把头抬起来或者向一侧倾斜，那么你就该明白对方不想理会你的提议，最好趁早打消继续说服的念头。

24岁的宁宁在一家广告公司做策划。她艺术天分很高，在面试的时候就获得了公司老总的高度评价。平时她脑子里的新点子、新创意总是层出不穷，因此在同事眼中，她就像一颗冉冉升起的新星，等待着星光耀眼的那一天。照此发展下去，一旦她的天分被充分激活，她在这个行业里将会很有前途。可现在，她丝毫也不敢这么想了。她不断地自怨自艾，在心里哀叹："我怎么搞成这个样子，哎，完蛋了！"

事情是这样的。四十几天前，公司接手了一家大型网络游戏公司的推广业务。公司老总对这笔大单特别重视,在公司内部广泛征集策划方案。宁宁觉得自己的机会来了,如果能够采用自己的方案,随之而来的不仅是薪水的增加,还会有职位的提升。为此,她跃跃欲试。用了两周左右的时间,精心设计了一套自认为很好的方案。

这天公司召开了方案会。公司老总亲自主持,各个部门的领导全员出席。前面有几个人都介绍了自己的方案,看上去老总似乎都不太满意,终于轮到她了。可能是太想成功,或者是因为太紧张了,口才一向不错的她竟然在老总面前,忽然变得笨嘴拙舌,根本表达不清自己的意思。

老总低头看了看她提交上去的方案,然后抬起头,目光友好、坦率,而且带着微笑看着她,眨了眨眼。这一看不要紧,她觉得这是在嘲笑自己无能,顿时脑子里一片空白,更加慌张,把剩下的内容说得七零八落。

如宁宁事后所料,她的方案果然没有被采用。她无比懊恼,觉得自己的完美形象全然被摧毁了。这之后,只要遇到老总,她再也不敢正视老总的眼睛,总是躲躲闪闪的。公司的例会,她总是找借口不参加,就算参加,也只是躲在角落里。很多时候人们都会主观臆断,然后妄自菲薄,会因为过度紧张和敏感而把别人的积极态度理解成别的意思。比如宁宁,她真的理解了老总眼中的深意了吗?

德国著名心理学家梅赛因认为:眼睛是了解一个人的最好工具。一个人的语言可以说谎,一个人的穿衣风格可以变化,但眼睛所反映出来的细微差别却是难以隐藏的。不管一个人的心里正在打什么主意,他的眼睛都会立刻忠实地告诉别人,他现在想的是什么。在和上司打交道时,如果你能细致观察他的眼神、目光,就能够洞悉其内心世界。

以上面公司老总为例,他在与宁宁的交流中,"目光友好而坦率",而且"带着微笑"、"眨了眨眼",这表明他很欣赏宁宁的能力,宁宁的方案令他高兴,他原本想通过自己的眼神和微笑鼓励宁宁继续说下去。然而宁宁却误解了其中的深意,以为老总盯着自己,是在审视自己、怀疑自己,还把老总的微笑理解为嘲笑,并由此导致了一系列的不自信行为,进而变得消极、悲观。

来自头部的暗示

在和你说话的时候根本不看你，甚至头也不抬。这对你来说可不是什么好兆头，这往往意味着他轻视你，认为你能力不足，你的提议不值得他思考。

从上往下看你，这表明他这个人喜欢支配人，甚至有点高傲、自负，通过这种眼神能够表现出他自己的一种优越感。

你在汇报工作、提出方案的时候，对方久久地盯着你看，说明他期待你提供更多、更详细、更全面的信息，从他的角度来说，可能他对你的印象还不够完整。

对方总是表现得目光锐利，保持同一个表情，眼睛里就像有两把利剑一样，这是一种权力、冷漠无情和优越感的显示，同时也在向你暗示：你可别想欺骗我，我百分之百能看透你的心思。

偶尔往上扫一眼，跟你目光相接之后又往下看，并且多次重复这个动作，说明他对你还吃不准，也就是说还没有完全相信你。

在谈话进入正题的时候，时而移开视线看向远处，表示他根本不关心你在说什么；如果他的眼睛突然变得明亮起来，说明他对你所说的话产生了兴趣。

眼神灰暗，很可能是发生了什么不顺心或意外的事情，扰乱了他的心绪。

眼神闪烁不定，很可能是心里正在为某件事情担忧，但又无法真正坦白地说出来，可能他心里有一些自卑、失落，或者是不想告之实际情况。

连续眨眼，表明他此时此刻的心情难以控制，但正在极力抑制；如果他眨眼速度较慢，幅度较大，意思是他不敢相信他的眼睛，所以要大大地眨一下以擦亮它们，确定他所看到的是不是事实。

目光投向侧方，眉毛微微上扬或者面带笑容，表示他比较感兴趣；

如果斜视的目光伴随着压低的眉毛、紧皱的眉头或者下拉的嘴角等动作，则表示了他猜疑、敌意或者批判的态度。

2.来自手势的暗示——判断他的真实想法

不要对上司暴风骤雨一般的批评感到"丈二和尚摸不着头脑"，不要怪上司不近人情，怪只怪你平时只用耳朵听上司说了什么，没有用心观察上司的体态语言流露出来的真实想法。

一个销售季度过去了，总经理组织销售部门全体职员开会。一开始，总经理总结了上个季度公司的销售业绩和销售利润情况，对销售部上个季度取得的成绩给予了高度表扬，还当场给"销售冠军"们发放了奖金。

这些仪式过后，总经理定了定神，稳稳地坐在主席台中央，十根手指交叉钳在一起，放在了桌子上，表情看上去有些严肃："当然了，虽然我们在销售上取得了一定的成绩，但是也要看到一些不足。比如说，这个销售季度仅仅前两个月的差旅费就超出了预算，同期相比，增加40%多，以后应该注意控制一下。还有，虽然我们的销售额很高，但利润却下降了三个百分点，据我了解，是有个别人私自给客户打了过低的折扣，我希望这种事情以后不要再发生，下一个销售季度，我希望通过我们的努力能够把这个销售季度的损失弥补回来……"

销售主管一边听，一边心里合计着下个季度怎么提高销售额，并迅速拟订了一个新的营销计划，会后交给了总经理。总经理表示满意。

一转眼又过了一个销售季度。这次的销售利润大幅度上升，不仅弥补了上个销售季度的损失，还超额完成了任务。但差旅费不仅没有得到控制，反而水涨船高地又超出10%的预算。当销售主管把报表递交上去的时候，总经理又摆出了上次开会的姿势，脸上表情十分僵硬，两手的十个手指死死地钳在一起："这个差旅费的事情是怎么搞的，这么点小事你都管不住吗！从下个月起，取消差旅补贴！你出去吧。"

销售主管一边走一边想：总经理这是怎么了？以前我们差旅费经常超支，从来没有说过什么，怎么今天发这么大火呢？

心理学家研究发现，与说话相比，手势能携带更多的信息，传递更为丰富和精准的情绪体验。而且，与口头语言相比，手势更难"造假"，人们可能一张嘴就是谎言，但一个人即使再怎么极力掩饰，他的手势也会悄悄地泄露他的内心情感和心理状态。就像心理学家西格蒙德·弗洛伊德说的："没有一个凡人能不泄露私情。即使他的嘴唇保持沉默，但他的指尖却会喋喋不休地泄露天机"。

那位总经理所摆的姿势，是典型的交叉型手势，就是一种将两手的十根手指相互钳住的动作。如果再加上僵硬或严肃的表情，往往表明这是一种受挫的姿势，表示这个人正在压制某种负面的态度。很显然，在上一次的销售会议上，总经理已经在表达他的不满了，但销售主管却没有注意到，到下一个销售季度的时候，他的怒火已经累积到了一个极限，是一次总爆发，怪就怪销售主管不懂总经理的"手语"。

当然了，这种十指交叉的姿势，如果配上满脸的微笑和两个拇指相互摩擦的动作，表示的意思就大不相同了，它表示这个人胸有成竹，非常有信心，这时候这种姿势就成了一种积极、正向的身体语言了。

手势语是一种表现力极强的体态语，它能够弥补口头语和表情语表达的不足。它具有描绘事物、传递心声、披露感情、加强口头语言力度和组织指挥等功能。

在和上司沟通交流的时候，只要对他的手部动作稍加观察，就能明了他的观点和态度。

有些上司特别喜欢在说话的时候将手背到身后握在一起，并伴有抬头挺胸、下巴微微扬起的动作，特别是在检查工作或面对下属的时候。这种姿势不管从哪个角度看，都能给人营造一种权威、自信的感觉。这是因为这一姿势总是与权威、信心和力量相伴。

但是背在身后的双手，一只手抓住了另一只手的手腕，这个动作表示他内心充满了挫败感或愤怒情绪，希望能够借此动作来找回自控权。

而且握住另一只手的那只手抓握的位置越高，表明他心中的挫败感或愤怒情绪就越强烈。

有些人喜欢在说话的时候搓手掌，根据行为心理学家研究发现，两个手掌摩擦传达的是一种美好的希望，比如上司在宣布年度销售业绩突破几百万大关的时候，往往会不自觉地搓搓手掌，这代表了他发自内心的喜悦。还有一种情况，如果上司对一件事情犹豫不决，也会互搓双手，只要你站在上司的角度略加思考就能清楚不同情境下搓手代表的不同含义。

很多人在听别人说话的时候喜欢一只手托着腮，这种动作其实是一种替代行为——用自己的手代替母亲或是情人的手，来拥抱自己、安慰自己。这种姿势一般在心中不满、心事重重的人身上出现，借此填补心中的空虚与不安。如果你发现和你说话的上司，托着腮听你说话，往往表示他觉得话题很无趣，你的谈话内容无从吸引他，或者他正在思考自己的事情，希望你听他说话。

有一种人，说话的时候总是指手画脚的，甚至打电话的时候都会如此，而且动作幅度大，行为夸张，这种人通常感情丰富，心中有事不吐不快，总是急于表达自己的情感，宣泄自己的情绪，是那种个性比较强的人。他们工作能力强，对自己想说的话、想做的事都能通过流畅的表达，轻松地传达给别人，办事的成功率比较高，能够带动他人和自己一起往前冲，是创造活跃气氛、让大家团结一致的高手。

竖起拇指通常被看成是高度自信的非语言信号。当一个人将拇指高高竖起时，表明他对自己的评价很高，或是对自己的思想或现状非常自信。通过这个动作，你能有效评估你的上司的状态——是自我感觉良好，还是在苦苦挣扎。

张开的手掌从来都是代表真实、诚实、忠诚和顺从的。因此，要想了解上司的态度是否坦诚，只要看看他的手掌就行了。当他想表示自己的坦率和诚实时，会把一个手掌或两个手掌向对方摊开，这往往是一种下意识的动作，能够表明他对你是完全开诚布公的。

财富之道——立刻根据对方的暗示调整谈话方向

既然在一举手一投足中，人们就可以发送或接受各种信息，那么，你完全可以利用客户不同的身体语言与之进行卓有成效的沟通。客户自然流露出来的身体语言，点头、扬眉、耸肩、摆手等，其实都含义无穷。客户一个无心的眼神，可能意味着他想提前结束谈话，如果你恰到好处地借口离开，他会觉得你格外善解人意；客户一个不经意的皱眉，可能暗示他对你的介绍略感不满，假如你能立刻根据客户提示调整谈话方向，他会觉得你既识大体又懂变通。想拿下客户，就必须比他棋快一着。

1.他不喜欢你？ ——透过腿和脚的姿势分析客户态度

尽管腿和脚距离人的大脑比较远，但很多时候反映的却是最真实的心理状态。如果你能够捕获他人腿部的动作，就能发现客户潜藏的其他信息。

销售代表何明跟公司的老客户米总已经认识很久了，彼此十分熟悉。有一次，他跟米总约好了一个时间，准备拿一些新的样品给米总看。他按照约定好的时间准时出发了。谁知道走到半路的时候，才发现手机没带，但那时候已经快到米总公司了。他想反正彼此也是熟人了，不打招呼直接去应该不会太过失礼。

没想到，就在他进门前三分钟，米总接了一个电话，说是米总的父亲从云南过来看他了，他必须立即启程去机场接机。

何明敲门进去的时候，米总已经收拾好东西，准备离开了。米总给何明打了电话，但那个时候何明已经快到了。米总想简单看一下也不会耽误太长时间，就重新坐回到办公椅上，看起了新样品。突然他发现了一些新的设计，这些新设计不是一时半会儿就能解释清楚的，他一着急，不自觉地抖起了腿。

本来何明是坐在办公桌一边的，这时候他要站起来给米总讲解一下，突然，他从办公桌的侧面看到了米总的腿部动作。他当即就明白了米总现在一定有什么事情需要处理。他又看了一眼放在办公桌上那个收拾好的小皮包，更加确信了自己的猜测。于是他放下手里的资料，说："米总，您是不是有什么急事要办啊，我是不是耽误您时间了？我们的事情改天谈也可以，您先忙您的。"

米总如实说了自己的事情。何明赶忙道歉。米总随即就站了起来，说："那我们就改天约个时间再谈。今天让你白跑一趟了。"

和身体语言的所有其他信号一样，腿和脚也有着自己的习惯动作和特殊语言。而且根据英国心理学家莫里斯的研究，人体中越是远离大脑的部位，其可信度越大，也就是说，人的腿和脚做出的动作，更能真实地反映一个人内心的态度。通常人们在交流的时候总是看着对方的脸，因此很多人都会有意识地控制和掩饰自己的内心情绪，不让它从面部表情上表现出来，但很多时候会忽略对腿和脚的控制，于是腿和脚就没有学会撒谎的本事。

在腿和脚语中，最能表示出一个人心理状态的代表性动作就是抖腿。从生理学的角度上来讲，身体的某个部分完全不使用的话，就会影响该部分的血液循环，如果一个人长时间坐在椅子上，腿和脚就会感到不舒服，甚至产生水肿，因此在自觉不舒服的情况下，人就会在无意识中让没有使用的部分动起来。在心理学方面，其实也有类似的意思。当心理长期处于某种状态下时，比如紧张、焦虑，人就会对这种状态产生不适感，从而作出某种反应。当人坐着的时候，就会用身体语言来传达这种反应。

比如说，当一个人心里焦躁不安或对某件事情不满时，就会频繁抖腿。反过来说，如果一个人频繁抖腿，就说明他精神紧张或焦躁不安，心理上的刺激促使他作出了具有代表性的反应。

"腿和脚语"除了能够反映一个人的情绪外,还能够表现出一个人的性格品质。比如说,一个看上去很粗犷的男人,如果走起路来却小心翼翼,基本上可以断定这个人外粗内细,实际上很精明;而那种走起路来大步流星的人,一般比较开朗、直率;走路稳重的人,一般老成持重。

很多人在谈话中,都不愿意把内心的焦躁不安明显地表露在脸上,或身体其他部位的大幅度动作上,往往会通过离自己大脑最远的部位来表达,比如轻轻地摇动腿部或抖动脚部等动作。因此,可以说盘起来、架起来、伸直、并拢、抖动等各式各样的腿和脚的动作,都能体现出动作发出者的个性或当时的心情。

其实不论坐着还是站着,腿和脚常常会呈现出三种最基本的姿势:一是两腿分开,通常表示的意思是稳定、自信,有接受对方的倾向;二是两腿并拢,这种姿势有时候看上去过于正经、严肃和拘谨,比如立正、正襟危坐,虽然看上去郑重其事,但同时也把自己紧张、压抑、不舒服的感觉传递给了对方;三是两腿交叉,这是一种防御性姿势,往往会给人以害羞、忸怩、胆怯或者随便、散漫、不热情、不融洽等印象。

一些心理学研究发现,如果一个人的情绪高涨,身体会不自觉地做出背离重力方向的动作,比如说脚尖着地、脚跟抬起或者脚跟着地、脚尖抬起,都是情绪积极的表现;相反,如果人的情绪不高,甚至兴趣全无,身体就会不由自主地横向移动,或者干脆选择离开。

心理学家认为,脚部转动的方向,尤其是脚尖的方向,是表明对方是否想要离开的最好信号。在与客户交谈时,如果发现客户的脚已经不再对着自己,而是向另外一个方向转动,或者是指着门的方向,这往往意味着他想要离开了,你就应该识趣地意识到这其中可能出了什么问题,不要再继续"麻烦"他了。

美国心理学家罗伯特·索马通过实验证明,当一个人被过多地侵入内心世界时,最初的拒绝方式是频繁地踢脚尖。如果你发现你的客户开始踢脚尖了,你就应该清楚,对方已经开始心不在焉,甚至是开始抗拒和拒绝了,这时候你最好转换话题。

如果客户不断地甩腿或者用脚尖点地板,这是在向你发出警告:不要再过来了,否则别怪我不客气。那么,你就应该保持这个距离不动,不要继续侵犯他的"领地",与其步步紧逼,不如给客户一个安全范围圈。

如果你发现客户一只脚的脚踝搭在另一条腿的膝盖上,就应该明白此时客户正在抱着不服输或者争胜的态度,说明你的推销或者解说,还没有打动他或者他还没有完全理解。因为这是一种能够体现一个人自信和地位的姿势,同时也能显得放松,尤其是男性客户,更喜欢摆出这样的造型。

2."你很像他"——适度模仿客户的体态或动作

当一个人做出某种身体姿势时,你有三种选择:一是视而不见,忽略不计;二是做出不同的身体姿势;三是照猫画虎,有样学样。毫无疑问,在这三种选择中,只有第三种反应能够让对方感到自己被接纳。这种刻意的模仿能够建立一种彼此之间交往的纽带。

一对夫妻来到马自达4S店看车。一位销售员负责带着他们挑选。一开始的时候,先生一只手插在口袋里,另一只手拉着太太随着销售员往前走。

终于,他们在一辆红色马自达6前面停了下来。看来先生是买给太太的,但从他们的言谈举止中,销售员推测出,太太还是比较听先生的,因此他决定从这位先生入手,拿下他就等于说服了这两个人。

这时候先生松开了太太的手,跟销售员探讨起了这款车的性能特征。正在这时,销售员突然发现了先生的一个很有规律的举动:当他表示肯定的意思时,手就会不由自主地向下一劈,好像作出了很大的决定的样子。他暗暗地记住了先生的这个动作。

在这辆车跟前,两个人热闹地谈了半个小时,还打开车门,让两个人感受了一下新车。等两个人从车里出来，销售员问："请问，林先生，基本的情况您都了解了，您对这款车的感觉如何呢？"先生说："这个车看上去挺好看的，坐到车里感觉也不错，而且我本人也挺喜欢这个牌子的，只是我觉得这个价钱有些贵了。"说到这里，他又做了那个习惯性的动作。

销售员说："林先生，这个价钱在全省范围内已经是最低的了，真的没有办法再低了。一定要这个价钱！"他一边说一边模仿林先生的习惯性动作，用同一条胳膊用力地往下劈了一下。先生想了想，说："好吧，我就要它了。"

当销售员比划那个动作的时候，就好像是那位林先生对自己下命令，是他自己作出的决定一样，无法更改、无法反驳。你在面对客户的时候是否也模仿过客户的特殊动作呢？效果又如何？

这种有意的模仿，是你向其他人传达好感的最显而易见的方式，能够让别人便捷地感受到你的善意。通过模仿别人的身体语言，很容易就能得到别人的认同。

比如说，一位老板想要与一个神情拘谨、心理紧张的下属建立亲善关系，并且营造出轻松愉快的交流氛围，就可以模仿这个员工的身体语言，往往能够很快地达到目的。举例来说，一个老板如果想知道基层员工的想法，最好的方式不是坐在办公室里面对面的交谈，而是走到员工中去，甚至端着碗蹲在地上，跟员工一起吃饭，这样才能更好、更快地融入其中。

客户多种多样，绝对不可能是一个模子里刻出来的，他们在思维模式、行为方式、待人接物、讲话速度等方面都存在着种种差异。可以想象一下，如果你和客户性格迥异，交流方式不一，客户很明显就能感觉到你们两个不是一路人，估计聊不上几分钟，你就可以打道回府了。

了解到这些以后，你就应该学会在和客户交流的时候，通过模仿他的手势或姿态，来影响他对你形成的印象。你的模仿行为会带给他人宽容而放松的心态，他能够通过你的"模仿秀"了解你的态度，比如尊重他、认同他。

　　一个客户一个类型，如果想要和每个客户都能相处融洽，就必须找到一把打开对方心扉的钥匙。这把钥匙是什么呢？一定是双方的共通之处。除了共同的话题、相似的爱好，最有效的就是对等模仿——与对方在行为、姿态等方面保持较高的同步性，在频率、气氛上达成一致。

　　模仿客户的身体语言和声音语调，是与之快速建立友善关系的有效方式之一。但是，对于一个陌生的客户，最容易模仿的，不是肢体上的表现，而是声音，或者语调。简单地说，就是要配合客户的讲话声音和速度，如果客户说话声音大、语速快，你也要提高音量，加快说话速度；客户对你表现得非常热情，你也应该对他充满激情。当你和客户讲话的声音和速度一致的时候，客户就会觉得你很像他，自然他就会喜欢上你，之后的销售过程往往就会水到渠成。

　　其次，你还可以模仿客户的身体语言。比如说，当你第一次见到客户的时候，就可以模仿他的坐姿、体态、手势、表情，甚至是身体朝向的角度，特别是一些人在讲话的时候常常会附带连他自己都不曾发觉的习惯性动作，这样模仿下去，不久之后，他就会感觉到，在你身上有一些很熟悉、很喜欢的东西——那完全是他自己的行为模式，他自然会觉得很熟悉、很喜欢，一个人怎么可能不熟悉自己、不喜欢自己呢？而且这时候他会把你描述成为一个为人随和的人，尽管你未必如此，这是他在你身上看到了他自己影子的最终效果。

　　事实上，开头那个汽车销售员之所以可以跟那位"林先生"立刻成交，就是因为他模仿了"林先生"的标志性动作。因此，在你跟客户谈话的时候，不妨注意一下他是否有什么比较特殊的习惯性动作，然后开始学他，并在节奏上保持一致，甚至连呼吸的速度都要跟他一样，脸上的表情、说话的速度等都是如此，一定会让他莫名其妙地就喜欢上你。因为你在行为上跟客户相互呼应，让他在心理上对你产生了一种认同感。

　　不过，尽管说对等模仿能够给你带来丰厚的回报，让客户很快"爱上"你，但是，你在使用这种杀伤性武器的时候，一定要注意两点：

　　一是当客户做出表达消极情绪的身体语言时，你绝不要盲目地模

仿,那等于是一种讽刺性很强的取笑行为;

二是不要让你的模仿痕迹表现得过于明显,尤其是他的习惯性动作不太雅观的时候,那样无疑是在嘲笑他。

延伸阅读:

女人要从身体语言品读男人

男人的身体会说话,男人的外貌与形体是一幅藏宝图,要想了解男人的内心世界,就要破译男人的肢体语言,女人可按图索骥,揭开这个神秘的宝藏。与男人相处,女人如果懂得他的肢体的语言,就会觉得妙趣横生;假如女人不懂这些肢体语言就感到莫名其妙了。当女人读懂了这些肢体语言,也就掌控了爱情的主动权。

在感情面前,女人懂得用肢体语言伪装自己,可是男人用起肢体语言来,比女人更胜一筹。许多聪明的男人都知道,追求女性,除了运用自己的语言以外,还要有意识地运用自己的肢体语言。

肢体语言之一:他有话说。

肢体动作特写:他上身前倾,肩膀向下垂落,视线飘过你的头顶上。

很多人决定吐露事情真相的关键时刻,会不由自主做出这种肢体语言。这个姿势代表他的心理处于柔顺、服从的状态,并暗自希望能获得你的谅解。不过,你无须立刻做出定论——他准备开口说的未必是你最担心的那桩事儿。或许,他只是需要你的帮助罢了。

应对秘诀:不妨用轻描淡写的语气,以"你好像有话想跟我说"之类的问题做开场白,然后就住嘴,留点时间让他考虑措词,并耐心等待他的回应。切忌像开机关枪似的问个不停,反而抢白了他说话的机会。

如果他想说的并非是什么对不起你的亏心事,当然不会藏在心里太久。假使他欲言又止的次数愈来愈频繁,话到嘴边又吞了回去,代表事情的真相极有可能惹得你非常不悦,此时,你最好有心理准备,否则一旦乱了阵脚,就无法冷静地思索应对之道了。

肢体语言之二：他处于不安之中。

肢体动作特写：他的手置于臀部下方，坐在自己的手上。

当人们自在、无保留地表达自我感受时，双手通常会不自觉地飞来舞去，把手垫在臀部下方，坐在自个儿的手上，代表此人正竭力控制自己，以免脱口说出不该说的话。

应对秘诀：赞美他是个贴心的宝贝等等。你也可以用放松的肢体语言抚平他的不安——把你的手臂伸展到椅背后面，摆出怡然自得的模样，或者从他背后给他一个惊喜的环抱。

他未必是在隐藏什么见不得人的事，而是生怕自己说的话会搞砸整个局面或气氛，其实许多人打从孩提时代起就会有这种习惯。这也表示，他正担心自己接下来的言行会导致他人的不悦。当他感受到你的平和安详，他也会跟着放松，不安全感便会渐渐消逝。

肢体语言之三：他被惹恼了。

肢体动作特写：他紧握双拳，目光游移不定，下颚紧绷。

由于愤怒、憎恶都是不易被隐藏的情绪，因此他势必会减少与你目光直接接触的机会。潜意识中，他担心你一旦直视他的眼睛，内心的焦躁不安会被你看穿。不自觉地握紧双拳也是即将发怒的象征。最后，瞧瞧他的下颚和脸颊骨是否紧紧地绷在一起。假使他抿住双唇，脸颊两侧近下颚的肌肉不停地抽动收缩，那他内心深处真的是怒火熊熊了。

应对秘诀：除去有严重暴力倾向外，大多数男生宁可保持沉默，也不愿意与女生发生正面冲突。想知道他为何发怒，不妨直视他的双眼。倘若你与他的目光相遇之后，他只瞪了你一眼便立即转移视线，那你八成就是惹他发火的导火索。

这时，你最好直接跟他讲："看得出来你很不高兴，出问题了吗？"这表示你愿意与他一起解决麻烦。如果他是因别的事而生气，不妨让他明白，你可以充当他倾诉的对象，再慢慢安抚他。

肢体语言之四：他的压力非常大。

肢体动作特写：他不停地用手指抚摸或梳理自己的头发。

玩弄头发是心理解压的象征。拨弄外套上的钮扣，把餐巾纸折来折去，也有相同含义。他也可能不断地变换坐姿，抖脚，手指头像弹钢琴般来回敲打桌面。

应对秘诀：你能帮他的便是让他分心，阻止他继续钻牛角尖。否则，压力就像滚雪球般越滚越大。切忌不断地逼问他到底发生了什么事。你可以将心不在焉的他拉回现实，邀他到公园散步，看电影，依赖另一种活动引起他的兴趣。他一旦将烦心事从心绪中抽离出来，便极有可能将导致压力产生的原因告诉你。许多时候，他也未必透彻了解自己的烦心事因何而来呢！

肢体语言之五：他的心里没有你。

肢体动作特写：他的眼睛常转向左右两侧，他把身体转开，不正对着你。

他那双四处流浪的眼睛，无精打采的坐姿，他把身体转开，不愿意正对着你，很有可能表示他已不再在乎你。他若把头往后仰，两手随意伸展到椅背后或扶手外侧也一样。再加上他对于你的问题总是简单几句"是"、"不是"就算回应，也不主动找话跟你讲，让你一个人像唱独角戏似的自说自话，证明了他的心已飞向别处。

应对秘诀：你一定要保持冷静！你不妨先住嘴，等个三四十秒，看他是否会意识到两人间的冷场而主动开口说话。倘若无效，往往表示他对你真的已到无话可说的严重地步。不过，单靠肢体语言就下判断并非百分百公允，你还应该检视情侣关系中是否存在着其他"退烧"的表征，譬如他对你有什么不满，然后再决定下一步该怎么走。

肢体语言之六：他在撒谎。

肢体动作特写：他用手遮掩嘴巴，或者搔抓自己的鼻子和耳朵。

假使他没来由的忽然搔起自个儿的耳朵、鼻子，或是用手掩住嘴巴，你最好留心啦！因为撒谎的时候血液会冲涌至脸部，导致鼻子、耳朵等部位因温度微微升高而开始发痒，让人在不自觉的情况下抓了起来。说谎征兆还包括：音调突然升高或降低，不断重复使用相同的字和词，眨眼睛的次数加倍。

应对秘诀:他或许只是为了逞英雄,不让自己丢脸而说了些无关紧要的谎话。倘若他坐立不安,脸颊泛红,事情就不单纯了。此时,你千万别像审犯人似的问东问西。不妨用很坦然的态度直接表明"有话直说无妨"。

肢体语言之七:他对你感兴趣。

肢体动作特写:摸脸。

如果某个男人对某个女人感兴趣,那么他会不时地摸一下自己的下巴、耳朵和他的面颊。这是自体性行为和紧张相结合的产物,这一行为表明他在试图掩饰内心的慌乱。

当我们喜欢一个人时,唇部和脸的下半部就会变得对刺激物特别敏感。如果男人在吸烟,此时吸烟的速度就会加快,如果是在喝东西,就会不由自主地更大口地往嘴里灌。抚摸嘴唇这个动作还是向对方暗示,多么希望自己和她的亲吻尽快发生啊!

肢体语言之八:他想保护你。

肢体动作特写:用手扶你。

男人将手放在女人的肘或肩部,这是一种保护女人的姿势。首先,这样可以更顺利地领着女人通过拥挤的人群。其次,这让他时刻感到女人不会从自己的身边走失。再者,这也是对其他男人的一个警告:靠边站,她已经有我保护了。还有,这样让他有机会接触到女人的身体……总之,这是一个相当好的肢体语言。

肢体语言之九:希望引起你注意。

肢体动作特写:笔直的站立。

如果一位男人面对女人笔直地站着,并且着装得体,肩膀自然下垂,这说明男人已开始向心仪的女人展示他挺拔的伟岸身躯,这时男人希望引起女人的注意。如果他身体稍稍前倾,靠近女人的身体,并认真听女人说话,这更能表明他对女人已有了好感。

第七章

念力磁场
——培养自己的强大念力

念力,有着部分先天的"成分",来源于我们的潜意识,但并非是不可以培养的,你的一举一动,反映着你的人生观、修养和自我暗示,反过来它们也会充盈你,让你的意念饱满,并最终有自己的风格。

谁的念力都不是一开始就强大的,但可以在身上越聚越强。

当你的身价"像个成功者",
你的念力也像成功者一样强大

你的身价是多少?身价越"高",你的念力就越强大.。就越能吸引到更优质的人和物。当然我们这里说的"高",并不是叫你去浪费大量人力物力,去做一些华而不实的事情,而是让你学会一些包装的技巧,在无形中巧抬自己的身价,增强自己的念力。当你有"像成功者一样的身价"

时,你的念力也会像成功者一样强大,于是更多优秀的事物就会集中在你的身边。

1.选择适合自己的身价包装

社会各界人士的包装方式虽然与演艺明星不同, 但目的都是相似的,就是顺应时代潮流,成为一个有魅力的人,受欢迎的人。

在商界,李嘉诚是领袖级的人物,他的公司里有四个副总裁专门负责树立公司和他本人形象。什么时候穿一丝不苟的职业西装,什么时候换有硅谷风格的休闲服,什么时候表现得像个老练的商人,什么时候表现得像个很有魅力的大男孩,这一切都有专门的班子专门策划。

在拉美地区,有一位小时候当过擦鞋童、做过苦工,后来成为工会领导人并步入政坛的巴西人, 他就是巴西联邦共和国第一位工人出身的总统卢拉。

卢拉曲折漫长的从政之路是从1980年他创建巴西劳工党之后开始。从1988年起,卢拉开始参加竞选巴西总统。不过,由于当时他缺乏系统的思想, 对于如何改变巴西经济并且控制持续不断的通货膨胀没有可行的办法,因此在第二轮投票中失利。

此后,卢拉又在1994年和1998年两次参加巴西总统竞选,但都在第一轮投票中就败给了卡多佐。然而,由他领导的劳工党在议会和地方选举中大有斩获,成为最大的反对党。

尽管连续三次竞选均告失败,卢拉却没有就此放弃。这位从二十多岁就投身到巴西政治运动中的左翼劳工党领导人, 坚信经过不懈的努力,自己一定能获得成功。

早在第一次参选失利之后不久, 卢拉就在劳工党内成立了公民权利研究所,聘请全国著名学者专家讲课,为党员提供学习和研究的机会。在1993年至2001年间,卢拉走遍全国,实地考察和了解社会,为竞选总统和施政积累感性知识。

为了获得2002年入选的胜利，卢拉作了许多努力。作为巴西众多穷人的希望，往日的卢拉一贯以工人的形象出现，其政见也被对手批评为过于偏激。这导致他在此前的三次总统选举中得票处于第二。此番再度上阵，卢拉决定要向英国工党学习，将自己包装成一名"巴西的布莱尔"，改变以前的"激进工人领袖"形象。为此，他雇了形象顾问，把大把胡子进行了一番修整，脱掉了以前常穿的开领T恤，一身西装革履的打扮。

面对广场上人山人海的群众，卢拉说："我在不断改变自己，因为这个世界在不断地改变。"

针对选民求变但怕乱的心理，卢拉提出了"和平与爱心"的竞选口号以重塑形象、改变主张，从激进左派变成了既求变又求稳的务实左派。正是这一改变赢得了人心，卢拉最终成为巴西联邦共和国总统。

通过演艺圈、商界和政界代表人物的包装术，我们可以得出以下结论：

一、不论你从事什么职业，都不能忽视包装的效果。

二、包装不是一蹴而就的事，需要长期的熏陶和培养。

三、包装不可以由着个性随意发挥，你喜欢什么样的风格是一回事，根据你的出身、职业、所面对的环境和未来角色的期待，所形成的形象定位是另一回事。并且"喜欢"一定要为"需要"让步。

以下两种"武器"，一来可以让你进一步认识包装，二来有助于你选择适合自己的包装。

"长生剑"——根据需要来强化自己的某一种特点

包装，并不是说给人罩上一件金碧辉煌的大斗篷，把他完完全全地遮盖起来，只让人们看到华丽的一面。如果这样，谁都可以享受包装的效果了，怎么还有"某某没有包装价值"的说法呢？

包装只是把一个人的某一个特点提炼出来，通过大力鼓吹，将其引向实力强的、可依赖的、时尚的、高雅的一面。比如有一种苹果被冰雹打了，表皮上坑坑洼洼，如果你把它装到不透明的塑料袋子里卖，是欺骗；把它宣传成"名副其实的高原苹果，甘甜爽脆"，这就是包装。同样的道理,包装周杰伦,就要突出他冷峻的作风和个性的音乐,当周杰伦的缺点也变成独特的味道时,包装就成功了。

E时代需要周杰伦,他的出现恰到好处。

其他一切行业,也有包装的需求,只是与演艺圈三天两头推出新人的造星运动比,要低调一些,含蓄一些。这种包装,有一定的隐蔽性,也可以称为培养或者打造。

"孔雀翎"——淡化自己的不得意,展现你最美的羽毛

有这样一个非常有趣的现象:当某一个城市有大型车展或者顶级楼盘面市时,必是满城的名流精英云集。越是对来宾身份要求苛刻(有售楼处的宣传品规定,客户要有几千万身价,才有资格被接待),人们越是趋之若鹜。

买不买还在其次,特意来看这顶级的名车豪宅,无非就是为了让富人圈内的远近朋友了解,你一没破产,二没被查税,依然逍遥快活,日进斗金,有能力摆谱风光。这样大家才会依然尊你成为圈子里的一员,放心和你来往。

即使在私下已经被资金问题折磨得焦头烂额,也决不能让人看出破绽来——这样包装自己,也许有"打肿脸充胖子"之嫌,但是,只要不侵害他人的利益,也不失为一种好包装,要知道,人间有很多不美好的东西,能接下来、撑下去才是本事,若总是把辛酸痛苦之态挂在脸上,也许能换来一些廉价的同情,却可能会招来更多的鄙弃。

罗蒂克·安妮塔是英国著名的女企业家,她是美容小店连锁集团董事长、家庭主妇创办公司的成功典范。

安妮塔出生于意大利移民家庭,父亲早逝,母亲经营一间小餐馆。安妮塔毕业于面向平民子女的牛顿学院,做过小学教师、国际机构工作人员。结婚后在英国南方小镇小汉普顿协助丈夫戈登开办小旅馆、小餐馆,生意都不算成功,收入仅够维持生计。

安妮塔决定自己创业。结婚前,安妮塔曾到南太平洋旅行,对土著居民使用的以绿色植物为原料的化妆品产生了浓厚的兴趣,收集了不少天然化妆品配方。她认为天然化妆品,一定会比市场流行的化学化妆

品更受消费者欢迎,当时的困难在于4000英镑的投入,唯一的办法只有向银行贷款。

安妮塔带着两个女儿来到小汉普顿的一家银行,向银行经理诉说她的困境,说她急需开一间小店养家糊口,希望银行出于人道主义考虑,向她提供资金支持。经理认为银行不是慈善机构,拒绝了安妮塔的贷款要求。

但是,坚强的安妮塔没有绝望,她在时刻不停地想办法。安妮塔研究了一番,一周后她穿上了特制的西服,俨然一副商界女士的打扮再次来到银行。她还准备了一大摞文件,包括可行报告和房产凭据等。文件中把她筹划的小店说成世界上最好的投资项目,把自己美化成具有丰富经验的化妆品专业商界奇才。这次她改变了策略,用商业一行的游戏规则——越有钱的人越容易借贷,来与银行周旋。

那位银行经理因为一周前根本没有把安妮塔放在眼里,所以没有认真注意她。她这次改头换面再来时,竟没有认出她来。安妮塔的资历通过了银行的审查,很顺利地贷到4000英镑,这笔钱成为她非常重要的启动资金。

1976年3月27日,安妮塔的美容小店正式开张。由于此前《观察家报》报道了她开店的情况,结果该店一炮打响,顾客盈门,第一天的收入就达到130英镑。

此后安妮塔不断开设分店,走上了连锁经营的道路,她的小店变成了网络遍布全球的大企业。

这个世界上的穷人,是被机会的列车抛在后面的人。当他们发现别人手中都握着名气、财富、地位,而自己始终两手空空的时候,不免对自己的能力产生怀疑。自卑的心理,使他们一直蹑手蹑脚地行事,小心翼翼地说话。长此以往,这种谦卑成了他们身上最深刻的烙印,即使有人想拉他们一把,也是以前施舍者的面目而不是合作者的身份。

现代社会,人们的眼睛多是往上看的,当我们需要外界的助力的时候,表现自己的困苦绝不如展示自己的信心更有力度。

民间有句俗语说:有粉擦在脸上。让人多留意你的光辉,然后你才会有支持者和崇拜者。

如果说包装的第一种武器就是根据需要来强化自己的某一种特点,第二种武器,就是淡化自己的不得意,展现你最美的羽毛。

2.举一反三,随时在生活中寻找自己的身价筹码

对于那些演艺明星或者是位高权重的要人,身后总会有一家公司、几个专业人士为其提供包装策划。剩下的芸芸众生,也要工作、生活,要得到社会的认可,也需随时随地展示自己的最佳形象。

没有专门的策划方案也无妨,我们可以自力更生,借助几种小道具,举一反三,随时在生活中寻找自己的加分筹码。

书籍和名片,最简单的包装工具

最简单的包装工具,无过于书籍。在20世纪80年代,文学还是热门的时候,小伙子手里拿一本诗集,连谈恋爱都有底气。在今天,我们要展示的,则是自己的专业形象。

在家里,书籍的装点作用更是超强。在今天的中国家庭,如果你客厅摆放的是《家庭医生》、《知音》你就是平民趣味;摆放的是《读者》、《时尚》之类,就是力争上游的小资;摆放的是《名牌》、《艺术世界》或者一两本英文杂志,你差不多就是一个精英分子了。

名片比书籍更为小巧直观,名片上的头衔称谓,就是一个人在社会上位置的概括。那些成功者的名片上,总会有三两个有分量的职位,有自己的公司名称,也有某一级的人士、政协代表等社会资源,或者是某个学院、某个民间组织的兼职,总之凡能给自己增光的,决不肯有所遗漏。

对于普通人,别嫌虚伪,也别嫌俗套,老老实实地把能表明自己身份的东西都注明了,总的原则,是就高不就低。宁肯被当成一个商业社会的大俗人,也不能让人没印象。

时间包装——"请稍等一下,让我看看工作计划"

在日本,曾有个热门的电视节目《电话表演》备受人们的欢迎,因而

产生了各种流行语。这个节目中最引人注目的部分是：充当观众的演员打电话给朋友，请他下次上电视表演。

看过几次节目后，可以归纳出一个共同的特点：当观众打电话问朋友："你明天能不能抽空参加表演呢？"能立即得到对方肯定回答的情况很少，常见的反应是："你稍等一会儿，让我查查我的工作计划，看看是否有冲突。"

然后过一段时间才回答："没问题，这段时间正好是空当。"自然，也有人这样回答道："很对不起，明天我要排演，没时间，你再找别人吧。"

据了解，在这个节目的录制过程中，在观众打电话以前，主持人和对方早就联络上了，在一切就绪之后才开始表演。但这种内幕若被观众知道，表演效果就会大打折扣，因此，叫他们故意回答："稍等一会儿，让我查查工作计划。"否则，若立即回答，就会让人觉得此人在家里闲着没事干一般。

因此，在回答时，宁肯将有时间说成没时间，以摆出自己忙忙碌碌的样子。因此，在《电话表演》播出后，就流行一句话："请稍等一下，让我看看工作计划。"

一个人忙碌的情况与别人对他的评价息息相关。这种情形并非只发生在文艺界，在其他社交界也是一样，特别是在商场中，时间排得紧凑的人，常给人以能干的印象。但单凭口头上说"我很忙"还不行，这样做会很容易被人识破。

在别人和他约时间，即使明知某天有空，也尽量避免立刻回答，而先假装看看工作计划才回答，如果那天真的已安排了工作，就将计划翻开给对方看，这样就更能加强效果，使对方认为自己非常精明能干，同时也可显示自己的诚实性。

名人效应——想要"生利"，先要"借名"

形象设计师英格丽·张说："成长于宽松、经济有保障的家庭的孩子，会对生活中一切都容易满足。他们易于按社会的标准行事，会表现得自信，有安全感、善良、大方、宽容、开通、缺乏野心，因而易于与人合作。他们看待世界人生的眼光与贫困中长大的孩子不同。"

　　这是一种什么心态呢？不管我们说它是趋炎附势也好，崇尚高贵也罢，事实上，名门就是会得到他人的尊敬和优待。对个人背景(包括家世背景、血缘关系、籍贯、出生地、求学经历、师承、工作资历等)的重视，古今中外，都是人际交往过程中的一个奇特的现象。对那些有着显赫家世背景和工作资历的人，人们总是给予更多的重视，会有更多的尊敬、信任和机会。

　　在商场上，名人效应法是用于直接促销的常见形式，有时，巧妙地利用关联的著名人物和组织的影响，可以为企业打造出一条捷径。

　　在中美洲一个小国的一位书商，他手里的书老是卖不出去，于是就有人给他出主意，让他找人"忽悠"。但是"忽悠"也要讲究方法的，一定要请名人来，在那个地方总统就是最好的名人。给他出主意的人说只要把书寄给总统，无论他说什么，这书就一定好卖了。书商一听十分高兴。

　　于是，这位书商就把书寄给了总统，同时还寄去了一封信，信里写道："我手里的书实在是太难卖了，您一定得给我说点儿好话。"总统看完书后觉得还不错，同时觉得他写的信也有道理，于是就在书上写上"这本书不错"的字，并且把书又给书商寄了回去。

　　书商拿到总统寄回来的信如获至宝，于是就把书挂在了店里最明显的地方，并且对每一位来书店的人介绍这本总统给出好评的书，果然，这本书就成了畅销书。

　　有了这一次的经验以后，书商不久又把第二本书寄给了总统。总统已经听说上次寄书后书商借他的光把书大卖，于是这次就在寄来的书上写上"这本书实在不怎么样"的字样给书商又寄了回去。

　　但是书商拿到书后又如获至宝，并且对来书店的每一位客人介绍说："这是一本把总统气得发抖的书"，大家出于好奇，致使这本书也十分畅销，而且这本书比第一本书还要畅销。

　　这个消息又传到了总统的耳朵里，没过多久又收到了书商寄来的第三本书，但是这次总统没有给书进行任何的评价，把书原封不动地给书商寄了回去。这次书商找的借口是"总统没有看明白，一本连总统都看不懂的书"——又一次大卖，而且比前两本的销路还要好。

　　帆船出海，风筝上天，无不是"好风凭借力，送我上青云"。人的成功,需要借力。想要"生利",也可以"借名"。只要你懂得如何借,你就可以轻而易举地取得成功,借助"名"足以让你收获大利。

3.小举止展现大身价,"众星捧月"不再是奢望

"遥想公瑾当年,小乔初嫁了,雄姿英发,羽扇纶巾,谈笑间,樯橹灰飞烟灭!"——这是何等的气势与风度!中国古代文坛巨匠苏轼评论周瑜如是说。一句诗词,竟让后人永远地记住了两个英俊潇洒的人!

无论是仕途失意的苏轼,还是官场得意的周瑜,无论他们的生活方式多么不同:可以阔达,可以高尚,可以寄情山水,可以随遇而安,千人万面,不可统一要求。但有一点,他们是相同的,那就是举手投足间的优雅。

说到从举止看身价,人们眼前便会出现一位举止典雅的淑女,或是一位风度翩翩的绅士……一举一动,高贵的神韵倾泻而出。这一瞥,便永远逃不出我们的记忆。其"身价"也在这一言一行中倍增。

良好的礼仪风范不仅可以表达对交往对象的尊重,同时也反映出自身的良好修养。它在体现一个人的"身价"中起到非常重要的作用。

每个人对生活的理解不甚相同,对生活的态度大相径庭。但只要时刻留心举止,总不会有什么差错。

只需使用这样的小心计,"众星捧月"将不再只是奢望。

"玩转笑脸"——微笑是最好的礼物

你想给身边的人一个热心诚恳、活泼开朗的美好印象吗?你想在朋友中变得与众不同吗?

那么,扬起一张可爱的笑脸吧!无论你此时此刻的心情究竟如何,保持微笑永远是最佳表情。

微笑,是一捧阳光,可以洒在每个人的心底。她没有国界、没有宗教、不分种族。它是一句世界语,人人会之、用之。它是人类最最基本的动作。像一杯咖啡,它让我们在严严冬日里取暖;像一片薄荷,让我们在烈烈夏日里感受清凉。就像某位哲人说的:"只用微笑说话的人,才能担

当重任"。

当我们与不熟悉的人第一次见面时，我们首先会关注到的是他（她）脸上的表情。不难想象，如果那个人脸上盘旋着浓浓阴云，你的心情会如何？你对那个人的印象又会是如何？反过来想，如果你想给身边的人留下美好的印象，你的选择是什么？

是的，保持微笑。

你是否会在一段时间里突然变得心烦意乱？是否经常因为鸡毛蒜皮的事而和身边的人吵得不可开交？是否会因一点利益而斤斤计较？如果答案是肯定的，那么你一定忘记了微笑。

微笑，包含着丰富的内涵。它孕育着一种神奇的吸引力。再没有什么比保持微笑更具魅力了，它让身边的人忍不住想要接近。

美国密歇根大学心理教授詹姆斯对人的微笑注解道："面带微笑的人，通常对处理事务，教导学生或销售行为，都显得更有效率，也更能培育快乐的孩子。笑容比皱眉头所传达的信息要多得多。"

美国钢铁大王卡耐基说："微笑是一种神奇的电波，它会使人在不知不觉中同意你。"

在一次盛大的宴会上，一个平日里对卡耐基很有意见的商人在背地里大肆抨击卡耐基，当卡耐基在人群中听到他高谈阔论的时候，卡耐基并没有愤怒，而是一直安详地站着，脸上挂着微笑。等到那个人发现卡耐基就在他旁边的时候，他感到十分尴尬，于是想要从人群中穿出去。而卡耐基却微笑着走到他面前，亲切地与他握手。后来，他们成为了挚友。这便是微笑的力量。

培养一个友好、真挚、楚楚动人的微笑，它不仅表明我喜欢你，而且也预示着"我想，你也一定会喜欢我"。为此，善于交际的人在人际交往中的第一个行动就是微笑。

为什么不在要去上班的时候，对大楼的电梯管理员微笑着道一声"早安"？为什么不用微笑跟大楼门口的警卫打招呼？为什么不对地铁的检票小姐报以微笑？为什么不在到达公司时，对那些以前从没见过自己微笑的人微笑？

　　一张笑脸是最好的礼物,它价值连城,却不花费一分钱。它使赠送的人心情愉悦,同时使收受的人变得富有。微笑是心灵无声的问候,微笑是彼此的真诚默契。

　　播种就会有收获。那么播种微笑呢?我深信,当你微笑面对生活的时候,你就会发现生活也会向你微笑。当每个人都可以"玩转笑脸",你会发现,生活,就是美丽的享受!

　　倒屣相迎——有什么样的寒暄,就有什么样的身价

　　寒暄常用于相识、相知之人,但并不是说不相识的人之间就不能用。如果在被介绍给他人之后,跟对方寒暄几句,是可以表现出殷切、乐于与对方交往的情绪的。反之,如果在本该与对方寒暄几句的时刻,却一言不发,则是极其无礼的。对方如果与你寒暄,而你只向他点点头,或是只握一下手,通常会被理解为不想与之深谈,不愿与之结交。寒暄的用途很广,还可以让人们在人际交往中打破僵局,缩短人际距离,向交谈对象表示自己的诚意与亲近,或是借以向对方表示乐于与他结交之意。因此,如果在与他人见面之时,你想给对方留下亲切热情、开朗善谈的印象,正确地使用寒暄语,是你最好的选择。

　　相传东汉时期有一个"倒屣相迎"的故事,说的是东汉时期的大学问家蔡邕。他是蔡文姬的父亲,文史、辞赋、音乐、天文无不精通,官任皇室右中郎将,人称"人学显著,贵重朝廷,常车骑填巷,宾客盈座"。但他从不摆架子,从不傲慢,很善于和人交往,好朋友很多。有一次,他的好友王粲来拜访,正逢蔡邕睡午觉。家人告诉他王粲来到门外,蔡邕听到后,迅速起身跳下床,急急忙忙踏上鞋子就往门外跑,由于太慌忙,把右脚的鞋子踏到了左脚上,把左脚的鞋子踏到了右脚上,而且两只鞋都倒踏着。当王粲看到蔡先生是这么个模样,便抿着嘴笑起来。由此便有了"倒屣相迎"之说,借以比喻对朋友的热情与诚意。

　　以热情有礼的态度迎接客人或是远道而来的朋友、上司,会让他们有宾至如归之感。

　　平时上下班的时候,总是会遇到一些或熟悉或面生的领导,遇到在一个院子或一个大楼上班的同事,如果仅是擦肩而过,点头致意便可以，但是如果身处一个电梯，避免不了地就要微笑而寒暄。

寒暄，亦做"暄寒"、"暄凉"，指见面问候起居寒暖的客套话。寒暄，是在与他人相遇、交往、沟通等环节中不可缺少的一种语言形式，是相互问候的一种礼节语言形式，是人们生活必备的能力。小区里，大嫂大娘们见面可以家长里短；生活中，哥们义气可以表现为抱着脖子搂着腰。

它通常被作为交谈的"开场白"来使用，在谈话进入主题之前一般应适度寒暄。碰上熟人，也应当跟他寒暄一两句。若视而不见，不置一词，难免显得自己妄自尊大。

寒暄的形式多种多样，以下列举几种：

招呼型：

不同于一般人的打招呼，而是将一日未见如隔三秋式的情感注入其中，"好久没见了，你近来怎样？""多日不见，可把我想坏了！"等等。交谈者可根据不同的场合、环境、对象进行不同的问候。

问候型：

多日未见相互问候，既可问候友人的身体健康、处境、前途等，也可问候其家人的状况以示关怀。西方人爱说："嗨！"中国人则爱问："你气色不错""去哪儿""忙什么""身体怎么样""在忙什么呢"等这些貌似提问的话语，并不表明真想知道对方的起居行止，往往只表达说话人的友好态度，听话人则把它当成交谈的起始语予以回答，或把它当做招呼语不必详细作答，只不过是一种交际的媒介。如果用得好，能密切关系，增进友谊。

关切型：

也称为关怀型寒暄。如询问对方本人、子女、家庭、事业的进取、成败等以示对对方的关心。例如，"最近身体好吗？""来这里多长时间了，一切还习惯吗？""最近工作进展如何，还顺利吗？""生意好吗？"……

触景生情型：

触景生情型是针对具体的交谈场景临时产生的问候语，比如对方刚做完什么事、正在做什么事以及将做什么事，都可以作为寒暄的话题。如早晨在家门或路上问："早晨好，上班吗？"在食堂里问："吃过了吗？"在图书馆或教室里问："这么用功，还在读书啊？"这种寒暄，随口而来，自然得体。

夸赞型：

心理学家根据人的天性曾作过如下论断：能够使人们在平和的精神状态中度过幸福人生的最简单的法则，就是给人以赞美。作为一个社会成员，需要别人的肯定和承认，需要别人的诚意和赞美。比如，你的同事新穿一件连衣裙，你可以用赞美的语言说："小张，你穿上这件连衣裙更加漂亮了！"小张会很高兴。老李今早刮了胡子，你可以说："老李越来越年轻了。"老李也会很高兴。

当然，以上所提到的寒暄类型，只是适用于原本相识相知的人们之间的用语，亲切具体。初次见面的寒暄也分几种类型。

言他型：

这类话也是日常生活中常用的一种寒暄方式。特别是陌生人之间见面，一时难以找到话题，就会说类似于"今天天气真好"之类的话，可以打破尴尬的场面。言他型是初次见面较好的寒暄形式。

攀认型：

在人际交往中，只要彼此留意，就不难发现双方有着这样那样的"亲"、"友"关系，如"同乡"、"同事"、"同学"甚至远亲等沾亲带故的关系。在初次见面时，寒暄攀认某种关系，一见如故，立即转化为建立交往、发展友谊的契机。三国时，鲁肃见诸葛亮的第一句话是："我，子瑜友也。"（子瑜是诸葛亮的哥哥诸葛瑾）这短短一句话，就奠定了鲁肃与诸葛亮之间的情谊。在现实生活中这种攀认型的事例比比皆是，如"我出生在武汉，跟您这位武汉人可算得上同乡啦！""您是研究药物的，我爱人在制药厂工作，咱们可算是近亲啊！""噢，您是北大毕业的，说起来咱们还是校友呢？"这些事例，说明在交际过程中，要善于寻找契机，发掘双方的共同点，从感情上靠拢对方，是十分重要的。

敬慕型：

这是对初次见面者尊重、仰慕、热情有礼的表现，如"久仰大名！""您的气质真好！"要想随便一些，也可以说："早听说过您的大名""某某某人经常跟我谈起您"，或是"我早就拜读过您的大作，获益匪浅！""我听过您作的报告"等等。

跟初次见面的人寒暄，最标准的说法是："你好"、"很高兴能认识您"、"见到您非常荣幸"。比较文雅一些的话，可以说："久仰"，或者说："幸会"。

我们所提倡的寒暄要求以"谦语"当先。寒暄语应带有友好之意，敬重之心。既不容许敷衍了事般地打哈哈，也不可用以戏弄对方。牵涉到个人私生活、个人禁忌等方面的话语，最好别拿出来"献丑"。熟人之间的寒暄尽可随意一些，但绝不能涉及人事、涉及他人隐私、涉及收入状况，为了避免误解，统一而规范，以"您好"、"忙吗"为问候语，是最保险的。选择和谐的、与自身价值融洽为一体的语言是非常必要的。

寒暄语不一定具有实质性内容，而且可长可短，需要因人、因时、因地而异，而它却不能不具备简洁、友好与尊重的特征。寒暄语应当删繁就简，不要过于程式化，像写八股文。例如，两人初次见面，一个说："久闻大名，如雷贯耳，今日得见，三生有幸。"另一个则道："岂敢，岂敢！"搞得像演出古装戏一样，那就是画蛇添足，大可不必。

另外，寒暄的话还具有非常鲜明的民俗性、地域性的特征。比如，老北京人爱问："吃了吗？"其实质意思就是"您好！"若以之问候南方人或外国人，常会被理解为："要请我吃饭"、"讽刺我不具有自食其力的能力"、"多管闲事"、"没话搭话"……从而引起误会。

有个相声，说一个人无论在什么情况下都以"吃了么"这句话与人问候，甚至与刚从公厕出来的熟人也是这样，结果引起别人的反感。虽然这比较极端，但它正说明了使寒暄语要注意特定的环境。

寒暄能使不相识的人相互认识，使不熟悉的人相互熟悉，使沉闷的气氛变得活跃。尤其是初次见面，几句得体的寒暄会使气氛变得融洽，有利于顺利地进入正式交谈。但有一点必须注意的是，使用寒暄语一定要注意特定的对象与环境。

如果你是下级，一定要态度谦逊而恭敬地先问候上司，但是不能随便问候。比如，不能问领导最近的身体状况。下属问上司，旁人听了都会觉得很奇怪。如果领导有病，大多会讳疾忌医，不愿让别人知道，更不愿让别人提起；如果没有病，你这样问候，似乎是他有病，所以会很不痛快。再比如，也不能问人家老婆孩子怎么样。同样地，那也是上司关切下属时能够"寒暄"的。再有，也不能问及上司的朋友的状况，因为你说不准领导对那些朋友的真实想法。更加不能问的就是人事关系、上层秘密问题，这些是官场上敏感的东西，谁也不敢妄言。

那么，说了这么多不能问的，想必你一定要问：能说什么呀？

其实，只能问候的就是一句话："领导最近忙吧？"注意！是"吧"而不是"吗"。一字之差，谬之千里，一个"吧"和一个"吗"的区别也很大。

前者带有肯定和巴结的意思，觉得领导一定很忙很累的，似乎问候中有着关心的意思，让领导觉得你比较贴心。如果用"吗"，那就含有居高临下的味道，似乎随意地询问，让领导心中不快。

如果你是上级，那么遇到下属的时候，要温和地微笑致意，不能够主动寒暄。因为那会使自己"掉价"。待下属问候之后，可以显得亲切地、无比关怀地寒暄几句：最近怎么样，工作忙么？如果知道下属的姓氏，一定要加上"小"，下属觉得上司日理万机竟然还认识自己，一定会觉得一股暖流涌遍全身，倍觉亲切。

如果你还了解对方家庭的一点情况，就可以显得随意而关切地问问："你母亲最近身体怎么样呀？"、"孩子上学怎么样呀？"等等。这样的情形一定会让下属感激涕零了。

在什么位置，就散发符合这个位置的念力

念力，是一种能量，对不同的人，自然要散发出不同的能量。你应该对这一点有清醒的认识。

比如说,一个女人,可以是董事长、普通的女人、母亲、公益人士等不同的社会角色。在这些角色当中,她都恰到好处地在不同的人脉关系中定位自己的角色。事实上,哪个才是真正的她?或许一时间说不清楚。

但是哪个更适合她成功的道路,哪个就是她在人脉学中应该有的念力。

我们每个人在社会大群体当中充当着不同的社会角色,在人际交往中,要摆正自己和别人的位置,散发符合这个位置的念力。

1.在藏与露之间转换,保持"神秘"的念力

物以稀为贵,身价越捧越高,有时候,限制恰恰就是发展。频繁的现身虽然会吸引来众人的注目,因为你比周围的人更为灿烂耀眼,但是过度的现身反而会造成反效果:你越经常露面、讲话,你的人气就会越低。

对于俄罗斯前总统普京,一位俄罗斯问题专家深有感触地说,普京的一大优势是他的神秘。一方面,他使很多人都感到平易近人,胸怀坦荡;另一方面,大家又觉得看不透他,觉得他身上还有很多未知的领域,而普京也十分善于吊人胃口,总是一点一滴把自己的事情说给大家听,每次都是定量供应,决不多给。正因为如此,他才得以在叶利钦时代极端复杂的政治环境中平步青云,并在就任总统之后倾倒了俄罗斯。

其实,戴高乐说过,真正的领袖人物要幽居、超脱,要神秘,有时则要沉默寡言,他本人也正是这样做的。戴高乐和普京的政治智慧颇为符合人的心理特点:对感到神秘的事物,人们总是怀着兴奋的、变幻不定的、充满新意的感觉。人们的想象活跃起来,对富于吸引力的个性进行积极地想象、这些个性的最细微的言行都会得到人们热情的关注,并对人们产生影响。

神秘感的影响,在生活中无处不在,人们常说"外来的和尚会念经",就是由于不知道他的来龙去脉,才会对他产生兴趣。从某种意义上说,学会在藏和露之间转换,你的念力就会一直具有"神秘"的影响力。

林肯年轻的时候,在家乡当一名律师。

有一次,因为一个重要的案件,林肯来到芝加哥。在芝加哥,那些年长有名的律师,都一致认为同一个外来的后生律师在一起合作,将有损尊严。于是,他们将林肯抛在一边,无论去什么地方都不请他一同前往,更不和他一块吃饭。林肯受到了冷遇,几乎无人问津。

林肯怎样面对这种情形呢?是否针锋相对来一番理直气壮的争论呢?不,他根本没有。林肯说:"我到芝加哥才晓得自己所懂的是多么的浅薄,而我要学习的又多么的多。"

林肯用行动来促进自己改进,后来他升到了很高的地位,那些轻视他的人还是一无长进。他成了举世公认的美国最伟大的总统之一,那些律师还在为生机奔波。林肯用行动证明了自己的价值,这比任何言语都掷地有声,并且具有最重的分量和最强的说服力。

从提升身价的角度,我们一向提倡争当强者,经营成功的人生,只是这种强,多是指内心对自己的定位和做事的态度,而非一种强悍的表面姿态。如果一时示弱,是为以后的强大打基础,那么我们应该练好在弱势中谋生的本领。

弱者的生存空间,往往比强者更广阔也更有弹性。

如果懂得在处于劣势时不逞强,在老虎扮猫的问题上已经入门了。

可如同一个演员一样,明白了自己的既定角色,离演好它还有一段距离。

所以,我们有必要跟那些古今中外的韬晦高手们学习一下,争取让自己不论处在人生的哪个阶段,都不至于无故翻船。

三国时,河东的卫固、范先很有实权。河东太守王邑被调走后,卫固、范先就以请王邑回河东为名,与并州高干暗中往来,欲举兵反叛曹操。

曹操便委任杜畿为河东太守,前去执政。

杜畿上路了,但未等他到河东境界,卫固等人已得到消息,派几千人守住关口,不让杜畿入境。有人对杜畿说:"应带大兵前来征讨。"但杜畿却另有考虑。

他说:"河东有3万百姓,并非都是叛乱之人。如果以大军进攻,高压之下原来一心向善之人也会因为恐惧而听从卫固。卫固控制了百姓，必然拼命死战。在这种情况下进攻征讨，如果不能取胜，则会引致附近各地的叛乱，天下便永无宁日；如能侥幸获胜，也会对河东之民杀戮甚多，同样不是什么好事。现在，卫固等人并没有公开叛乱，他既然以请回王邑为名，对曹操派去的新官暂时必然不敢加害。卫固虽然足智多谋，但优柔寡断。如果我单身前往，出其不意，他必然假意接受我为太守。我到了河东，只要有1个月的时间，设计算计他就已足够了。"

杜畿于是秘密绕道，渡河进入了河东境内。

杜畿到任后，范先想要杀杜畿立威。为了观察杜畿的内心去向，便先杀了主簿以下30多人，而杜畿不为所动，举动自如。

卫固于是说："杀了他没有什么好处，只会给我们招来滥杀的恶名，而且他已经被我们所控制，不如就留下他来做太守吧。"

这样，杜畿正如他所预料的那样，被卫范等人奉为太守，暂时没有了性命之忧。

被保性命后，杜畿开始设计了。他对卫固、范先等人说："你们是河东的希望所在，我只有仰仗你们才能办成大事，所以，以后如有什么事情大家一起商量，出谋划策。"于是任卫固为都督，处理一般行政事务，范先则率领士兵，共有3000多人。卫固等人心中高兴至极，表面上侍奉杜畿，心里却认为杜畿没什么了不起，不以为意，于是放松了对他的防范。

后来，卫固要公开起兵反叛了，杜畿心中非常担心。便劝卫固说："要想做成大事，首先是应该不让老百姓心乱。你现在要起兵，老百姓担心你要征兵役，必然民心大乱。所以，不如现在用钱招兵买马，等兵马足够了，再起兵不迟。"

卫固不知杜畿的真意，还认为他说的很对，便依计而行。这一迁延，几十天过去了。而卫固的部将们贪婪财物，私吞了招兵买马的钱。因而，卫固钱花了不少，但兵却招来的不多。

后来，杜畿又假作好意对卫固说："每个人都恋家，诸位将军兵士久在外地，恋家之心必然更大。现在郡中无事，可以让他们轮流回家探亲休息，有事再召回来就行了。"

卫固思量一番也是,于是便又听从了杜畿的意见。这时,杜畿暗中联络知己,私下准备。结果,杜畿的朋友们已散至各地,等待时机;而卫固的心腹们却都回家安乐,被离散了。

这时,反叛的高干攻入护泽,白骑进攻东垣、上党诸县,弘农郡也都发生叛乱,卫固认为时机已到,便召集家中的将士起兵反叛,但却没有多少人回来。

杜畿看到各县已经归附了自己,民心已定,便率领几十人离开郡府,至张县拒守。吏民多拥城自守,以助杜畿。在几十天内,杜畿便得到了4000多人的兵马。

高干、卫固等人合兵围攻杜畿。但由于杜畿得民心,他们终于没能攻下张县。后来,曹操的大兵到了,高干败走,卫固被杀,河东郡轻易地便平定了下来。

相对于掌有实权的卫固、范先,由于杜畿初上任,没有实权,因此,他只有采取退让、隐忍的办法,然而,他却在有计划地一步一步实践着自己的计谋。他让卫固等人松于防懈、减少顾虑,等待时机,终于完成了镇抚河东的使命。

藏而不露的根本目的,不是让你藏,而是你必须看准时机,在该露的时候毫不犹豫,立刻脱颖而出。

当然,在藏的时候,并非被动地四处躲藏而是藏中有露,时而藏时而露,神龙见首不见尾,这样才能保证只要时机一到,你才能一出必成。

我们只是提醒你,如果你过早地卷入竞争,就会过早的暴露了自己的实力,也同时显出了自己的缺陷,以至于在竞争中往往处于不利的被动境地。

在一般的情况下,人们在竞争初期总是十分谨慎地保护自己,尽可能地做到不露声色。这样,就可以在知己知彼的情况下,获得竞争中的主动权。

1808年秋,拿破仑决定邀请亚历山大在埃尔福特举行第二次会晤。这次会晤,是拿破仑为了避免两线作战,以法俄两国的伟大友谊来威慑奥地利。消息传到俄国宫廷,激起一片抗议声。但亚历山大却认为,目前

的请求。

　　三个学生一块上酒吧，想以喝啤酒来表示自己是个成年人了。女招待叫他们先出示身份证。其中两人还没有法定的成年年龄，怎么办呢？他俩只好伸手到衣袋里左摸摸，右摸摸，说："我们忘了带身份证了。学校里的借书证管不管用？"女招待笑了笑，对管餐柜的招待叫道："来一瓶啤酒，两册图书！"幽默有时即使带点"耍赖皮"的感觉，也能得到宽容和理解。

　　有时候还需要冷幽默。

　　下面是一则名为《真正的勇气》的故事：三名海军上将谈论起什么是真正的勇气。德国将军说："我告诉你们什么是勇气。"说完他召来一名水手，"你看见那根200米高的旗杆子吗？我希望你爬到顶端，举手敬礼，然后跳下来！"德国水手立即跑到旗杆前，迅速爬到顶，漂亮地敬了个礼，然后跳下来。"嚯，真出色！"美国将军称赞说。接着他对一名美国水兵命令道："看见那根300米高的旗杆吗？我要爬到顶，敬礼两次，然后跳下来。"美国水兵非常出色地执行了命令。

　　"啊，先生们，这真是一次令人难忘的表演。"英国将军说，"但我现在要告诉你们，我们皇家海军对勇气的理解。"他命令一名水手，"我要你攀上那根高300米的旗杆顶端。敬礼三次，然后跳下来。""什么，要我去干这种事？先生，你一定是神经错乱了！"英国水手瞪大眼睛叫了起来。"瞧，先生们，"英国将军得意地说："这才是真正的勇气。"

　　毫无疑问，对于一支军队来说，具有这种真正的勇气的士兵越多，它也就失败得越多，甚至可以说是战无不败。但你也不得不承认，这确是真正的勇气。这位诙谐而旷达的英国将军的自我嘲讽，使得他自己连同他的部队一道因表现出人情味而显得和蔼可亲，谁还会忍心去指责他的"无理取闹"、"没有正经"呢？

　　美国幽默作家霍尔摩斯有次出席一个会议，他是与会者中身体最为矮小的人。"霍尔摩斯先生，"一位朋友脱口而出，"你站在我们中间，是否有鹤立鸡群的感觉？"霍尔摩斯反驳了他一句："我觉得我像一堆便士里的铸币。铸币面值10便士，但比便士体积小。"他以冷幽默的回答化解了自己的尴尬,也回击了对方。

约翰是一个极富幽默感的警官,无论什么案件或难题,在他手中总能迎刃而解。所以,在警署里他总是受到同事们的青睐。

星期日,在闹市区的一个路口,有个持不同政见者正在发表演讲:"如今的政治腐败透顶了,我们应把政议院和参议院统统烧了!"由于他的演讲,行人越聚越多,堵塞了交通,警察赶到时,秩序大乱。正在无从下手之时,约翰急中生智大叫一声:"同意烧参议院的站到左边,同意烧政议院的站到右边。"只听"刷"的一声,人群顿时分开,道路豁然畅通。

有一次,萧伯纳不幸在伦敦街头被一个骑自行车的人撞倒,虽然没有受伤,但也让他摔得够呛。骑自行车的人立即扶起作家,喃喃地向他道歉。然而萧伯纳却出人意料地打断了他,对他说:"先生,您比我更不幸。要是您再撞得重一点,就可以作为撞死萧伯纳的好汉名垂史册啦!"

幽默给了萧伯纳惊人的自制力,萧伯纳的幽默也使双方摆脱了尴尬。

一句得体的幽默,它所带来的感情冲击有足够的能量来消除人际间的误会和纷争,能够让人际关系变得更加和谐融洽。因此,幽默也是一种富有感染力和人情味的沟通艺术。

幽默还代表舍得自嘲。有的人在与人的交往、沟通中听不得半点"逆耳之言",只要别人的言语稍有不恭,不是极力辩解就是大发雷霆,其实这样做是十分愚蠢的。这不仅使你无法赢得他人的尊重,反而会让人觉得你不易相处。而采取虚心、随和的态度,以自我解嘲的方式缓和一下双方之间的紧张气氛,将使你与他人的合作更加愉快。

曾任美国总统的罗斯福年轻时体力比不上别人。有一次,他与人到白特兰去伐树,晚上休息时,他们的领队询问白天各人伐树的成绩,同伴中有人答道:"塔尔砍倒53棵,我砍倒49棵,罗斯福使劲咬断了17棵。"

这话对罗斯福来说可不怎么顺耳,但他想到自己砍树确实和老鼠造巢时咬断树根一样,自己不禁也笑着默认。

林语堂说过:智慧的价值,就是教人笑自己。在现实生活中,你拿自己的错误开开玩笑,使人开怀大笑,便已铺下了友谊之路。具有幽默色彩的欢笑是你与别人进行内心沟通的捷径。

幽默往往通过大家同笑的方式弥补人际间的思想鸿沟，架起感情沟通的桥梁，增加人际间的信任，化解冲突。是解决各种矛盾和问题的最好办法。

一次，当一位朋友来拜访林肯总统时，正有一队士兵在门外等候林肯训话。林肯请这位朋友随他外出，并继续和他谈话。当他们行至回廊时，军队齐声欢呼起来。那位朋友这时本应该识趣地退开，但他并没有意识到这一点。于是，一位副官走到那人面前，嘱咐他退后几步。他这时才发现自己的失态，窘得满脸通红。但是，林肯却立即幽默地说："白兰德先生，你得知道他们也许分辨不出谁是总统呢！"在那难堪的一瞬间，林肯用他的机智十分巧妙地化解了这一窘迫的局面。

其实在生活当中，我们每个人都可变得幽默一些，它并不是天才、高智商的人和喜剧演员的专利品。只要你学习让嘴角往上翘，换个新鲜角度欣赏事物，即可学会幽默，走出尴尬。

要善于使用幽默的技巧，就需要具有一定的智慧。

一个才疏学浅、举止轻浮、孤陋寡闻的人是很难生出幽默感来的。

要学会幽默的艺术，必须具备以下几个方面的能力：广博的知识和深刻的社会经验；敏锐的洞察力和丰富的想像力；高尚优雅的风度和镇定自信、乐观轻松的情绪；良好的文化素养和语言表达能力。

幽默是我们生活的调味料，它使我们的生活更加有滋有味。但是，再好的调味料都不可滥用，就好比用盐，用一点可以使菜味鲜美，但用得太多便会让人难以下咽。

在沟通时，幽默要运用得当，方可发挥它的魅力。

据说萧伯纳少年时已很懂幽默，人又聪明，但是由于他滥用幽默，出语尖酸，人们听他说过一句话，便有"体无完肤"之感。有一次，一位朋友在散步时对他说："你现在常常出语幽默，不错，非常风趣可乐。但是大家常常认为，如果你不在场，他们会更快乐，因为他们都感到自己比不上你。有你在，大家便都不敢开口了。你的才干确实比他们略胜一筹，但这么一来，朋友将逐渐离开你，这对你又有什么益处呢？"朋友的话使萧伯纳如梦初醒，从此他改掉了滥用幽默的习惯，而把天才发挥在文学上，终于达到了他在文坛上的极高地位。

第二是眼泪。

这里说的眼泪，只是一个借代。"眼泪战术"并不一定局限于哭鼻子，凡装成一副可怜样的办法，都属于一种技巧。

推销员与记者的做法一般比较典型。推销员推销产品时，很可能遭到客户的拒绝，但过了一段时期之后，他又毫不气馁地再次来了，客户看到他汗水淋淋，却还满脸笑容，不买就觉得再也过意不去了，于是就买了一点。

落雨下雪是推销员上门的好日子。外面下着雨，别人都躲在家里，而推销员站在门口，不能不使你产生同情心，因而难于拒绝。虽然我们都很清楚地知道，这是推销员所采取的一种策略，但对此你能无动于衷吗？

这种推销方法，就是巧妙地利用了人类的感情。本来不打算购买的人，也会产生"再也不能让他白跑了"的想法，使他们有种心理负担和欠人情债的感觉。要使对方作大幅度的退让，就要能够让对方多积累些微小的心理负担，当这种心理负担扩大到一定程度时，对方就只能让步了。

新闻记者从事采访工作，一般是在晚间和早晨进行。譬如：在发生某种巨大的政治事变时，新闻记者就事先打听到与此相关的人，等下班后，或者上班前，去进行采访。因为这种时候，一般人都在休息，而新闻记者还在干活，就会使对方产生心理负担，不告诉他这件事的内幕，心里就会过意不去。

拿破仑的妻子约瑟芬是前博阿尔内子爵夫人，一向水性杨花，生活放荡。当拿破仑在意大利和埃及战场浴血搏斗时，新婚不久的她却与一个叫夏尔的中尉偷情私通，对拿破仑毫无忠贞可言。她原以为拿破仑会战死在沙漠中，已经不再等待他回来，而要像没有拿破仑一样安排后事。

1799年10月，拿破仑从埃及回到法国并受到人们热烈欢迎的消息传到巴黎后，约瑟芬惊呆了。拿破仑成了欧洲最知名的人物，法国的救星，前程无量。她欺骗了拿破仑,并想抛弃他,这时又后悔了。于是她不辞辛苦,坐着马车,长途跋涉,去法国南部的里昂迎接拿破仑。她想在拿破仑与家人见面前见到他,并趁着他的兴奋蒙骗住他,不使自己的丑事暴露。

她好不容易到达里昂,可是拿破仑已从另一条路走了,并与家人会合。拿破仑对妻子的不贞早有耳闻,只是不怎么相信,当他确信约瑟芬对他不忠时,他暴跳如雷,下定决心与其离婚。

约瑟芬知道大事不好,日夜兼程赶回巴黎。拿破仑吩咐仆人不让她走进家门。她勉强进了门,静下神来,决定壮着胆子去见丈夫。她来到拿破仑的卧室门前,轻轻敲门,没有回答。转动门把,无济于事。她再次敲门,并温柔而哀婉地呼唤,拿破仑没有理睬。

她失声大哭,短促呻吟,拿破仑无动于衷。她哭着,用双手捶打着门,请求他原谅,承认自己因一时的轻率、幼稚而犯下了错误,并提起他们以前的海誓山盟……如果他不能宽恕,她就只有一死,但这仍然打不动拿破仑。

约瑟芬哭到深夜,不再哭了,她忽然想起孩子们,眼睛一亮,燃起了希望之光。她知道,拿破仑爱她的两个孩子奥当丝和欧仁,尤其喜欢欧仁,这是打动拿破仑心肠的好办法。倘若孩子们求他,他可能会改变主意的。孩子们来了,天真而笨拙地哀求着。

人心都是肉长的,约瑟芬这一招终于成功。拿破仑虽然怀疑约瑟芬已背叛了他,然而她的哭声使他的脑海里泛起他们相爱时的美好回忆。奥当丝和欧仁的哀求声冲破他心中设下的防线,他已热泪盈眶。于是,房门打开了,拿破仑与约瑟芬重归于好了。后来拿破仑登基时,约瑟芬成了皇后,荣耀之至。

添加些眼泪,可以有效地软化对方,让你的苦苦哀求更为动人,达到加速感化对方的效果。伸手不打笑脸人,打"哭成一个泪人"的恳求者更很少有人会做。

第三是"门槛"。

人们在跨过门槛,登上台阶时,应该高抬腿,低落步。这种近于本能的习惯,应用在社交中却是一个很巧妙的退让方法。具体来说是用大要求来制造退让的假像,从而达到作较小的要求。

首先提出一个很大的要求,如果对方没有同意,再提出较小的要求,因为没有同意别人较大的要求和没能帮上大忙而深感内疚,也为了减轻这种内疚感,他们就会同意这个较小的要求,用帮小忙来表示歉意。这同直接提出较小要求相比,人们同意的可能性会大大提高。

一列商队在沙漠中艰难的前进,昼行夜宿,日子过得很艰苦。

一天晚上,主人搭起了帐篷,在其中安静的看书,忽然,他的仆人伸进头来,对他说:"主人啊,外面好冷啊,您能不能允许我将头伸进帐篷里暖和一下?"主人是很善良的,欣然同意了他的请求。

过了一会,仆人说道:"主人啊,我的头暖和了,可是脖子还冷得要命,您能不能允许我把上半身也伸进来呢?"主人又同意了。可是帐篷太小,主人只好把自己的桌子向外挪了挪。

又过了一会儿,仆人又说:"主人啊,能不能让我把脚伸进来呢?我这样一部分冷、一部分热,又倾斜着身子,实在很难受啊。"主人又同意了,可是帐篷太小,两个人实在太挤,他只好搬到了帐篷外边。

在日常生活中,我们常使用这个方法。

比如要让贪玩的孩子每天回家只看一小时电视,你不妨说只允许他看半小时,他再三要求下你只好答应了一小时的要求,他便不会再闹了,因为你已经让过步了。再比如在市场上。货主往往把商品标价多一两倍,这样他可以慢慢地让到他的正常价位。如此一来,买的人也觉得占了不少的便宜,很容易掏钱来买。这种做法可能有些过诈,可人们的心理已经习惯如此:不管你让步与否,你得让他感到你已经让了很大的步。

这个道理反过来用,也可以成为"欲求一尺,先要一寸"的退让方法。倘若您需要他人提供较多的帮助,不妨采用"登门槛"技术,即先请对方予以小的帮助,然后拾阶而上,要求他帮助解决更大的问题。

社会心理学家弗里德曼和费拉瑟对"登门槛"技术作了一番实际的调查研究;他们先挨家挨户找主妇在一份所谓"安全驾驶请愿书"上签名,几乎所有的主妇都答应了这项不费多少心力的要求;几天后,他们又要求这些主妇答应在她们的私人庭院里立一块不太美观的大牌子,上书"谨慎驾驶"。结果有50%以上的主妇同意了，而另一组被直接要求立牌的主妇中，只有17%的人接受了这一主意。

前者为何是后者的三倍呢？心理学家的解释是：同意提供小的帮助的人等于给自己提供了这样一种自我感觉：自己是个乐于助人的人。接着，她们就会以一种与这种自我感觉相一致的方法去行动，进而有了更多的奉献。而答应了"一寸"之后，他会养成对你说是的习惯，对你"一尺"的目标也很难觉察。

如果最终达不到目标，我们则应该抱着"一尺不行，五寸也可以"的态度，及时调整我们的期望值，适当让步，让事情向好的一面转化。

当你硬性坚持要某人接受你的意见、观点时，对方由于种种原因，往往产生抵触心理，因而全盘否定作的意见。而退让的奥妙，就是在对方提出反对意见时，及时退步，使对方感觉尊重他的意见，虚荣心得到满足，从而达到说服对方的目的。

让步其实只是暂时的退却，为了进一尺有时候就必须先做出退一寸的忍让，为了避免吃大亏就不应计较吃点小亏。

美国第一届总统华盛顿在任时，身边的副总统是德雷斯顿，这是个闲差，可是德雷斯顿却把它变成具有实权的职位，他常常在演说时讲一些他做副总统闹出的笑话，这样做的结果非但没有降低自己，反而赢得了敬佩和拥护。

有一天晚上卡耐基参加一个宴会，宴席中，坐在他右边的一位朋友讲了一段幽默故事，并引用了一句话，意思是"谋事在人，成事在天"。那位健谈的朋友提到，他所引用的那句话出自《圣经》。但卡耐基知道这位朋友错了，他很肯定地知道出处。

为了表现优越感，卡耐基忍不住纠正他。对方立刻反唇相讥："什么？出自莎士比亚？不可能！绝对不可能！"那位朋友一时下不来台，不禁有些恼怒。

当时卡耐基的老朋友法兰克·葛孟坐在他左边。他研究莎士比亚的著作多年，于是卡耐基就向他求证。葛孟在桌下踢了他一脚，然后说：

"戴尔,你错了,他是对的,这句话的确出自《圣经》。"

那晚回家的路上,卡耐基对葛孟说:"法兰克,你明明知道那句话出自莎士比亚。"

"是的,当然。"他回答,"《哈姆莱特》第五幕第二场。可是亲爱的戴尔,我们是宴会上的客人,为什么要证明他错了?那样会使他喜欢你吗?他并没在征求你的意见,为什么不保留他的脸面?"

无论你采取什么方式指出朋友的错误:一个蔑视的眼神,一种不满的腔调,一个不耐烦的手势,都有可能带来难堪的后果。你以为他会同意你所指出的错误吗?绝对不会。因为你否定了他的智慧和判断力,打击了他的虚荣心和自尊心,同时还伤害了他的感情。对方非但不会改变自己的看法,还要进行反击。

心理学的研究表明,谁都不愿把自己的错处或隐私在公众面前"曝光",一旦被人曝光,就会感到难堪或恼怒。因此,老实人在交际中,如果不是为了某种特殊需要,一般应尽量避免触及对方所避讳的敏感区,避免使对方当众出丑。

法兰克·葛孟对戴尔·卡耐基的人生告诫是:一些无关紧要的小错误,放过去也无伤大局,那就没有必要去纠正。这样不但能保全朋友的面子,维持正常的谈话气氛,还能使你有意外的收获——在朋友和在场的人心目中建立良好的印象,这无疑有利于自身人气的提高。

人活一张脸,树活一张皮。人人都有一张脸,是脸都会要面子。所以,老实人与人交往,必须时刻顾及到他人的面子。挽回了他人的脸面,他会衷心感激你、亲近你。

在社交中谁都可能不小心弄出点小失误,比如念了错别字,讲了外行话,记错了对方的姓名职务,礼节失当等等。

当我们发现对方出现这类情况时,只要是无关大局,就不必对此大加张扬,故意搞得人人皆知,使本来已被忽视了的小过失,一下变得显眼起来。更不应抱着讥讽的态度,小题大做,拿人家的失误在众人面前取乐。

因为这样做不仅会使对方难堪,伤害他的自尊心,让他对你心生反感,而且也容易使别人觉得你为人刻薄,在今后交往中对你敬而远之,产生戒心。

在社交中,有时常会进行一些带有比赛性、竞争性的文娱活动,比如棋类比赛、乒乓球赛、羽毛球赛等。有经验的社交者,在自己"实力雄厚"、绝对能取胜的情况下,往往并不会使对方败得很惨,反倒是有意让对方胜一两局,既不妨碍自己总体上的获胜,又不使对方太失面子。比如有些象棋高手,在连赢几盘后,往往会有意地走错几步,让对方最后赢一两盘。大家都心知肚明,你给他留了面子,他自然心存感激。

3.充电让大脑升级,更好地储存念力

能量的转化和守恒定律是自然界最普遍的、最重要的定律之一。

人们利用各种能源,都是通过能的转化来实现的。利用电能是把电能转化为机械能带动各种机器工作;把电能转化为热能,炼钢、烧饭;把电能转化为化学能对金属进行电镀等等。我们只有掌握了规律,按规律办事,而规律是不能随人们的意志转移的。

过去,曾有人试图制造一种所谓"永动机",这种机器一经推动,便可以不再继续补充能量做功,而且永远做功。这种违背科学规律的设想始终没有成功,原因是机器做功时,机械能要转化为其他形式的能,消耗的机械能必须时时补充,应由其他物体的能量转化而来。只消耗能量,没有得到其他形式的能量补充,就不能永远工作。

我们掌握能的转化和守恒定律,应该懂得我们所做工作是将一种形式的能转化为其他形式的能,或是使能由一个物体转移到另一个物体,利用能的转化或转移的过程做功,而不是创造能。

但是自然界还蕴藏着大量的能源尚待我们开发,人们不仅应该注意合理地使用能,开发新的能源,也同时应该注意节约能源。这个道理同样应用在我们这里所说的能量。

一位节目主持人参加海南省狮子楼京剧团建团庆典,由于事先不

了解情况，错把原本是花白头发的老汉——海南师范学院党委书记南新燕介绍成了"小姐"，面对全场哗然，她先向被介绍人真诚地道歉，然后侃侃而谈："您的名字实在是太有诗意了。我一见这三个字，立即想起了两句古诗：'旧时王谢堂前燕，飞入寻常百姓家。'这是一幅多么美的图画。今天，这里出现了类似的情景，京剧一度是流行在北方的戏曲，而现在，京剧从北到南，跨过琼州海峡，飞到了海南，而且在这里安家落户，这又是一幅多么美好的图画呀！"

这位主持人的应变能力实在让人叹服。她在表示"对不起，我是望文生义了"的歉意之后，语意一转，就即兴发挥起来，由自己的语言失误引出活动的话题，并进行了富有诗意的生动描述。这一将错就错的补救方式，赢得全场观众异乎寻常的热烈喝彩，就是十分自然的了。

1966年，现代著名文学家林语堂从美国回台湾定居。同年6月，台北某学院举行毕业典礼，特邀林语堂参加，并请他即席演讲。在林语堂之前安排的几位颇有身份的演讲者，发表了冗长乏味的演讲，令台下听众昏昏欲睡。轮到林语堂时，他抬腕看了看表，已是十一点半了，于是就改弦换调。他快步走上讲台，仅说了一句话："绅士的演讲应该像女人穿的'迷你裙'，越短越好。"然后就结束了演讲。他的话一出口，大家先是一愣，几秒钟后，会场上"哗"地响起一片笑声，接着与会者用最热烈的掌声表达他们对这位优秀演讲家的拥戴。在第二天台北各大报纸上均出现了"幽默大师名不虚传"的消息。

要做到这样的境界，就要给自己不断充电，补充自己的能量，但是，如何给自己"充电"呢？

当我们翻开报纸时，头发就直了。满报纸的培训公司广告，认证中心的广告，出国留学广告……何去何从让很多人茫然。如何花最少的钱，获得最大的价值？这是个人为自己充电最普遍的问题。

从目前的形势综合来看，要解决如何给自己充电的难题，无外乎三个视点。

第一个视点，回顾你的过去，看看自己的学历。教育背景至今仍然是人力资源经理关注的焦点。因为教育将帮助我们打下知识结构的框架，没有结实的框架，你的楼一定不会太高。另外，在你回顾学历的同时，再细算你毕业至今，是否超过了三年。如果超过三年，代表你的电池开始亮起了红灯，你急需充电。

第二个视点是分析自己目前的工作状态。自己一定要清晰客观地分析自己目前的工作特点。在进行目前分析的同时，你必须进行第三个视点动作，展望你的未来职业规划。你下一步期望如何发展自己？第二个视点和第三个视点必须同时考虑，才能让你不盲从不追求时髦，减少金钱和时间的成本，提高你的成功率。

第三个视点，在"充电"时要注意自己的目的。很多人都有这样的想法，就是"多一个证书没坏处"，所以市场上流行什么，什么证书最吃香，他就学什么，拿了一大堆的证书，似乎是什么都能干，竞争力也增强了。"多一个证书没坏处"这种想法的表现，就是不管自己需不需要，先学完拿了证书再说。这样的"充电"对个人来说不仅是金钱和时间上的损失，更关键的是很容易把自己的职业观念引入歧路。首先，有一大堆不成体系的证书之后，就会觉得自己已经是个"通才"了，什么都能干，但到底自己最擅长什么，干哪一行最好呢？自己会很迷茫。更进一步来说，如果因为自己拿了某张证书就去从事某一方面的工作，而不管它是否真的适合自己，那损失的就是自己职业生涯的好几年时间。其次，去求职的时候，用人单位看到你的一大堆证书也会很迷茫。用人单位据此可能会认为你缺乏明确的职业发展目标，没有选择能力，反而对求职不利。建议不如去报一个类似舞蹈、游泳等兴趣班，或者找件自己喜欢的、有助健康的事做做。

另有一种人，"充电"的方向是对的，可是却在一个错误的时间点上来进行，结果同样是事倍功半。这也是人们常常犯的毛病。

比如你想朝管理方面发展，"进补"企业管理知识的大方向是对的，关键是选择的"充电"计划在时间上得恰当。对于你来说，不如等自己工作五六年后，工作经验相对丰富，职位也有了提升，而且职业发展的方向更加明确时，再读个MBA学位，这样对自己的发展更有好处。现在读，虽然也能学到一点东西,对自己今后的发展有所帮助,但MBA证书的优势发挥空间不大。更何况,拿了MBA证书,以后的职业发展恐怕就限定在管理这条路上了,因为花了这么大的成本,谁也不想没有收获。

从另一方面来说,合适的"充电"选在不合适的时机也是一个误区,这不仅增加了投资成本,还浪费了时间,本来这段时间可以用在"刀刃"上的。这里的时间阶段,主要指的是一个人职业发展的特定时间阶段。在不同的阶段,根据自己职业发展的状况、专业水平、工作能力以及今后一段时间职业发展的目标,来选择恰当的培训,这才是上策。

延伸阅读:

寻找魅力自我

想一想,人们喜欢你的什么?赞美过你的什么?

它也许包括了外在的特征,例如一个很讨人喜欢的微笑,一个称赞别人的习惯,甚至是与动物的友好相处。这些特征会成为你去获得更高魅力指数的起点(在这里你可千万不要过分谦虚,因为除了你以外没有人会读这个表。如果别人认为你的眼睛很可爱,一定要记下来。总之,你经常听人提起的通常就是你真正具有的魅力)。

拿出一个小小的笔记本作为你个人的魅力日记。记住随时带支笔,因为你从来不知道什么时候会突然冒出一个灵感。

在第一页的上方写下"我的魅力自我"。

针对下面的问题写出答案:

1.努力回想一下上一次别人称赞你的话。想一想是哪一天?什么时间?用了哪些词?那时候你正在做什么?写下你做了什么事别人才这样称赞你,以及你听到类似称赞的次数("很少""偶尔""经常")。

2.想一想别人对你的称赞,从中选出你自己最喜欢的一个。注意,这个称赞与最具魅力的你算得上是完全吻合的。比如说,如果你曾经很努力地想改善你的幽默感,而上个月老板说你这人挺有趣,那就写下这个称赞,并且记下来你是做了什么才赢得别人对你的称赞的。

3.想一想谁对你最着迷。不要选家庭成员,要选一个没有义务讨好你的人,这个人在别人面前也会热情洋溢地称赞你。在魅力日记上写下他的名字,是什么使他由仅仅认识你变为热心支持你的呢?是不是你做了什么好事呢?把它写下来。如果让他说出你最有魅力的地方,他会说什么呢?把这个也写进你的魅力日记。

4.如果求职面试要求你写出自己最好的一面,你会写什么呢?把它们写下来。

5.除你的配偶和合伙人以外,选出一名对你很有好感的家庭成员。最让他欣赏的是你的哪个特征?把这个人的名字及这些备受欣赏的特征写下来。如果你写不出来,那就试一试这个方法:如果他要把你介绍给未来的雇主或结婚对象,他会怎么提到你的优点呢?

6.想一想你最好的朋友或你的另一半。如果要他列出你最特别的两个地方,它们会是什么呢?如果说不上来,请想一想他会怎样赞扬你呢?请写下这些赞词以及激起这些赞美的特别之处。

7.想出一位榜样(你所仰慕或想迎头赶上的)。他也许是一个当红明星、一位历史人物或者一个生活中的熟人。重要的是这个人拥有一些你想拥有的特征,写下他的名字以及他最吸引你的两个特征。

8.选一位在日常生活中每天都在影响你的人。他也许是一个朋友、一个家庭成员、一个老板。你发觉自己正有意无意地模仿他的行为举止。他刚用了一个新词,一周以后你也开始用了;他有一个习惯,你会模仿它。他的影响也许来自你们经常的接触,也许是因为你被他的思考方式所吸引。写下这个人的名字和你最喜欢的两个特征。